职业教育创新

JIXIE ZHITU YU JISUANJI
HUITU XITIJI

机械制图与计算机绘图习题集

≫ 陈艳 李琴 主编

≫ 吴兴欢 唐前鹏 副主编

化学工业出版社

·北京·

内 容 简 介

本书是陈艳、李琴主编的《机械制图与计算机绘图》的配套教材,与《机械制图与计算机绘图》教材配套使用。全书分机械制图与计算机绘图两个模块,共 12 个项目,包括绘制平面图形、绘制与识读形体的三视图、图样的基本表达方法、标准件和常用件、绘制与识读零件图、绘制与识读装配图、化工设备图与化工工艺图的绘制与识读、AutoCAD 基本操作、简单平面图形的绘制、复杂平面图形的绘制、工程零件图的绘制、AutoCAD 简单零件三维建模等。

本教材可供职业本科院校、高职高专院校、成人高校装备制造类相关专业学生使用,并可作为培训用书。

图书在版编目(CIP)数据

机械制图与计算机绘图习题集 / 陈艳,李琴主编.
北京:化学工业出版社,2025. 8. --(职业教育创新融合系列教材). -- ISBN 978-7-122-48783-4

Ⅰ. TH126-44;TP391.72-44

中国国家版本馆 CIP 数据核字第 2025HW6774 号

责任编辑:韩庆利 　　　　　　　　　　　　文字编辑:吴开亮
责任校对:王　静 　　　　　　　　　　　　装帧设计:史利平

出版发行:化学工业出版社(北京市东城区青年湖南街 13 号　邮政编码 100011)
印　　装:大厂回族自治县聚鑫印刷有限责任公司
787mm×1092mm　1/16　印张 9¼　字数 225 千字　　2025 年 10 月北京第 1 版第 1 次印刷

购书咨询:010-64518888 　　　　　　　　　　售后服务:010-64518899
网　　址:http://www.cip.com.cn
凡购买本书,如有缺损质量问题,本社销售中心负责调换。

定　　价:29.80 元 　　　　　　　　　　　　　　　　　　版权所有　违者必究

前　　言

　　本书是《机械制图与计算机绘图》的配套习题集。书中针对高等职业教育培养应用型和技能型人才的目标，在编写过程中注重理论联系实际，将机械制图知识与计算机绘图软件有机融合，将基础理论融入大量实例中，力求体系合理、内容精练、实例典型，便于教师组织教学内容，也使学生容易理解和掌握。

　　本书按照课程内容的需要，与《机械制图与计算机绘图》教材内容同步，采用大量类比的习题练习，让学生能举一反三、触类旁通。习题难易结合，供不同程度学生选择。本书参考学时为 120～160 学时。使用时，可根据各专业的特点、教学时数、教学要求进行适当调整。

　　本书配备了丰富的教学资源，包括微课视频、习题答案等，以供参阅，实现了信息技术与教学的深度融合，方便教师的教学和学生的学习。读者可通过手机扫描二维码，将线上线下资源有机衔接起来，从而使机械制图的学习更加直观、形象、方便、有趣。

　　本书由湖南化工职业技术学院陈艳、李琴主编，吴兴欢、唐前鹏任副主编，长沙百通新材料科技有限公司杨跃飞主审。参与教材编写的人员还有孟少明、曹咏梅、陈慧玲、彭湘蓉、冯修燕、李红秀等，全书由陈艳统稿整理。在本书编写过程中参考了国内同行编写的很多优秀教材，在此表示衷心的感谢。

　　由于编者水平所限，书中难免有不足之处，恳请读者提出宝贵意见与建议。

编　　者

目　　录

模块一　机械制图

项目一　绘制平面图形

1-1　制图国家标准的基本规定

1. _____和_____国家标准是绘制机械图样的根本依据，工程技术人员必须严格遵守其有关规定。

2. GB/T 44597—2017 标准全称的含义：GB/T 为_____，简称_____，4459.7 是_____，2017 是指_____。

3. 在图纸上必须用_____画出图框。图框有_____和_____两种格式。同一产品中所有图样均应采用同一种格式。留有装订边的图纸，其装订边宽度一律为_____。标题栏一般应位于图纸的_____。

4. 比例是指图中_____与_____相应要素的线性尺寸之比。同一物体采用不同比例绘制的图形，但无论采用何种比例，图样中所注的尺寸数值均应为_____。

5. 汉字应写成_____，字母和数字可写成_____或_____，注意全图统一。斜体字字头向_____倾斜，与水平基准线成_____。

6. 同一图样中同类图线的_____应基本一致，虚线、点画线的线段_____和_____应各自大致相同。画中心线时圆心应为_____的交点，中心线应超出轮廓线_____，当图形较小时可用_____代替细点画线。虚线与其他图线相交时应画成_____相交。

7. 一个完整的尺寸标注应注出_____、_____和_____，即尺寸三要素。线性尺寸的尺寸数字一般标注在尺寸线的_____方或_____方，线性尺寸数字的方向：水平方向字头朝_____，竖直方向字头朝_____。

8. 连续尺寸线应排在_____。同一图样上尺寸的字高应_____，一般用 3.5 号_____字，字符间隔要_____，字符格式按国家标准中的规定书写。同一图样上尺寸线箭头的大小应_____，机械图样中尺寸线箭头一般采用闭合的_____。

9. 铅笔根据铅芯的软硬程度分为软（B）、中性（HB）、硬（H）三种。根据绘制图线的粗细不同，所需铅芯的软硬也不同。通常画粗线可采用_____，画细线可采用_____。

10. 斜度是指一直线（或平面）相对于另一条直线（或平面）的_____，代号为"S"，其大小用该两直线（或两平面）间夹角的_____来表示。

机械制图作业姓名审核日期比例班级学号校细仿宋体材料绘

技术要求未注圆角铸件清砂轴套盘盖叉架箱体螺栓垫圈滚动

隔均匀工艺组合断面剖视标准圆柱棱相贯线机件表达方法齿

班级：_____ 姓名：_____ 学号：_____

用 A4 图纸抄画下图。不注尺寸，比例 1：1。

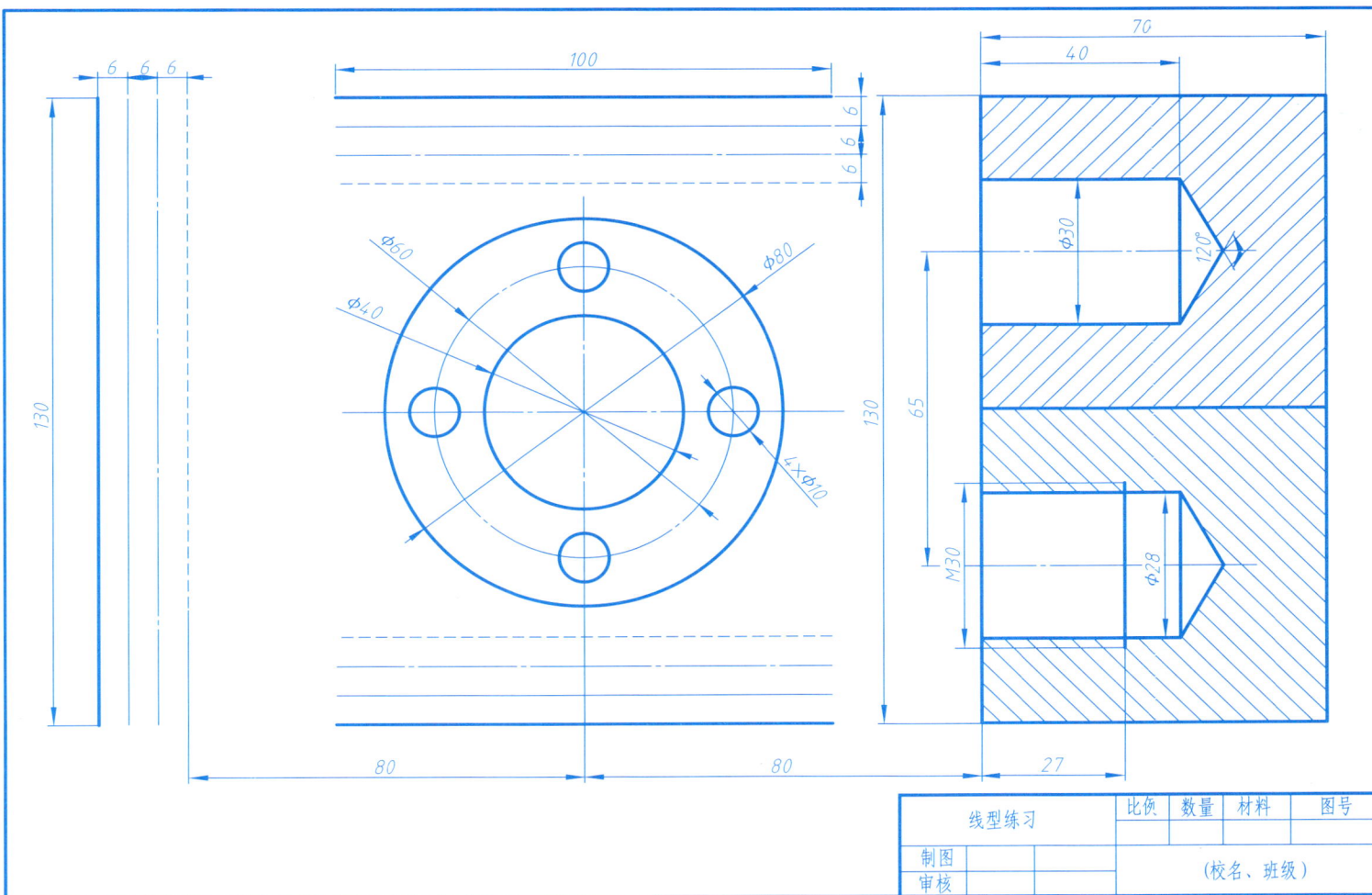

	线型练习	比例	数量	材料	图号
制图					
审核			(校名、班级)		

1-4 尺寸标注练习

1-4-1 标注尺寸（尺寸数值从图中量取，取整数）

（1）圆的尺寸标注

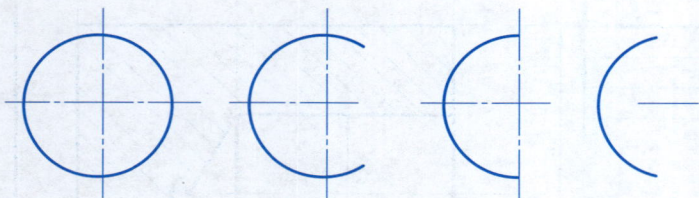

（2）小尺寸的标注

（3）角度的标注

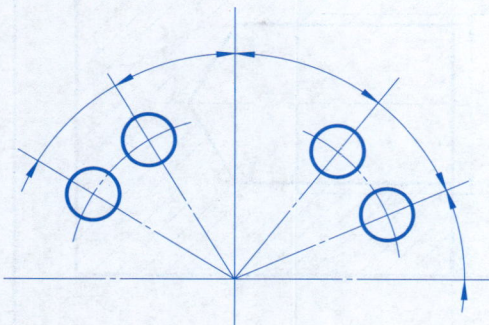

（4）弦长和弧长的标注

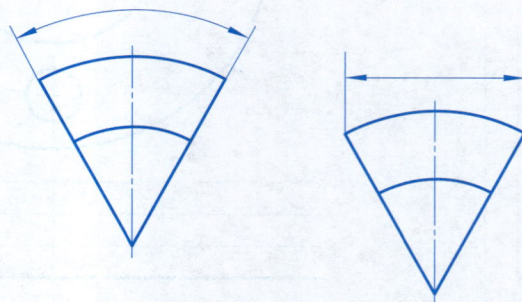

班级：_____ 姓名：_____ 学号：_____

1-4 尺寸标注练习

1-4-2 斜直线的尺寸标注，标注正确的画√

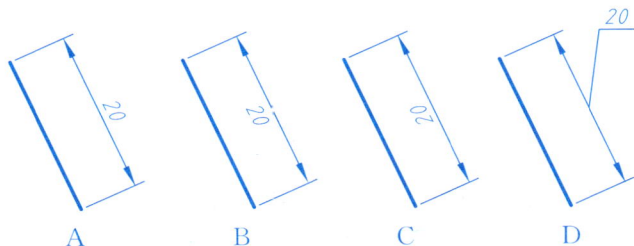

A   B   C   D

1-4-3 绘图比例的尺寸标注，标注正确的画√

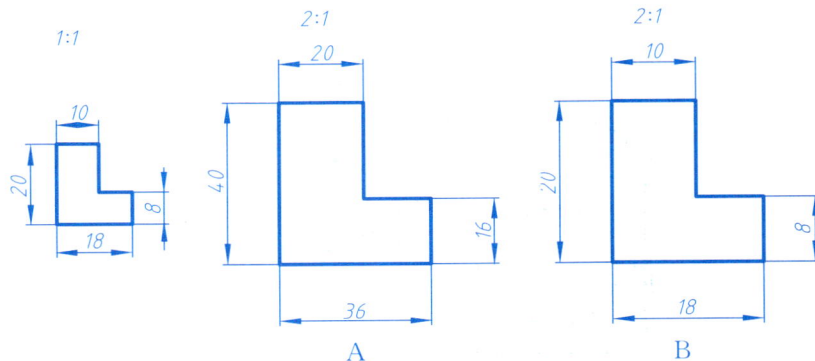

1:1   2:1   2:1

A   B

1-4-4 指出下图标注错误，将序号填入括号内

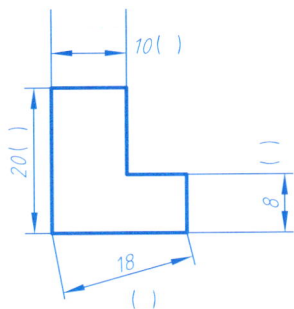

10( )   20( )   8( )   18   ( )

① 尺寸界线画得过长

② 尺寸线与轮廓线距离过小

③ 尺寸线与轮廓线距离过大

④ 尺寸线与轮廓线不平行

1-4-5 指出下图标注错误，将序号填入括号内

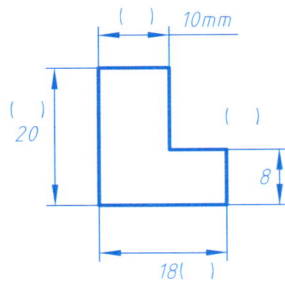

( )   10mm   ( )   ( )   20   8   18( )

① 尺寸数字应放在尺寸线上方

② 尺寸数字单位默认为 mm，但标注时应省略

③ 竖直方向的尺寸数字头应朝左

1-4 尺寸标注练习

1-4-6 找出图中的错误标注，并在下图中改正

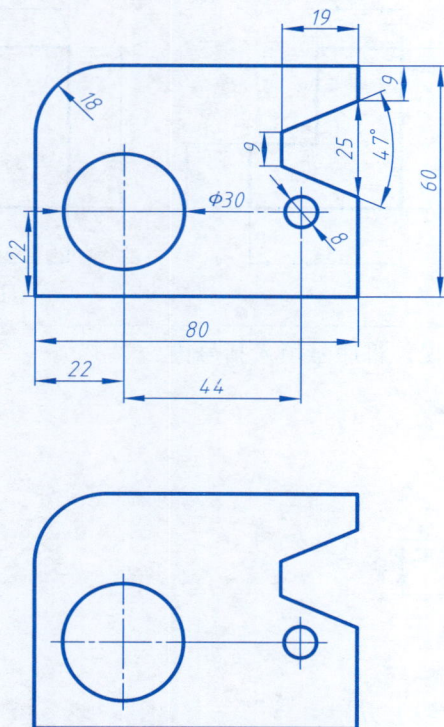

1-4-7 按 1∶1 的比例标注尺寸。尺寸数值从图中量取整数

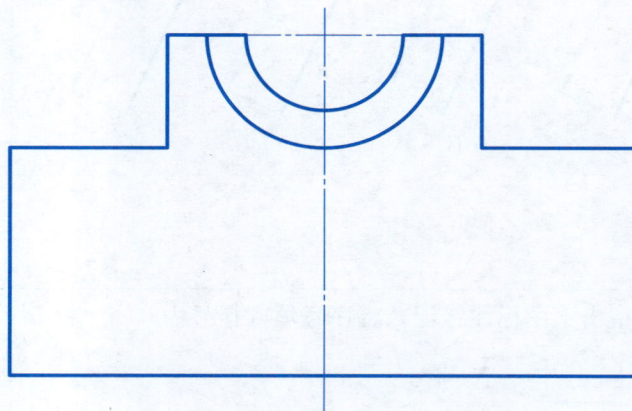

班级：_____ 姓名：_____ 学号：_____

1-4-8　按 1∶1 的比例标注尺寸。尺寸数值从图中量取整数

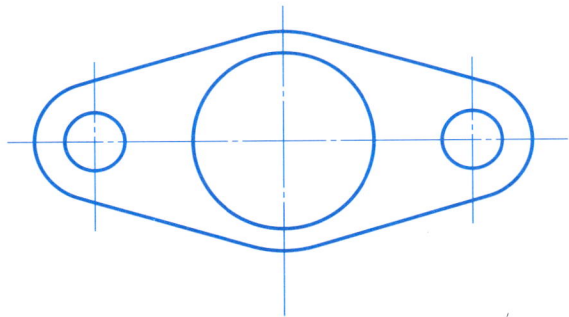

1-4-9　按 1∶1 的比例标注尺寸。尺寸数值从图中量取整数

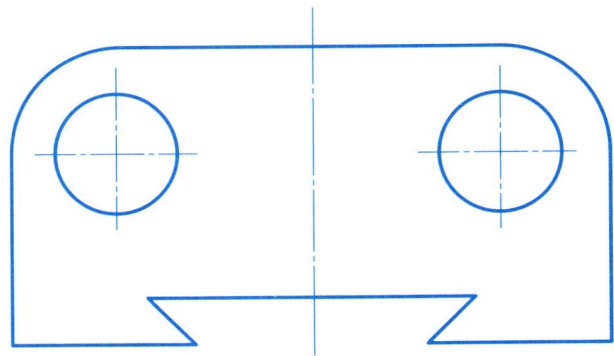

班级：_____　姓名：_____　学号：_____

1-5 等分作图

1-5-1 等分线段（将 AB 分成 5 等分）	1-5-3 作正六边形（外接圆直径 $\phi50$）
1-5-2 作正三角形（外接圆直径 $\phi50$）	1-5-4 作正八边形（外接圆直径 $\phi50$）

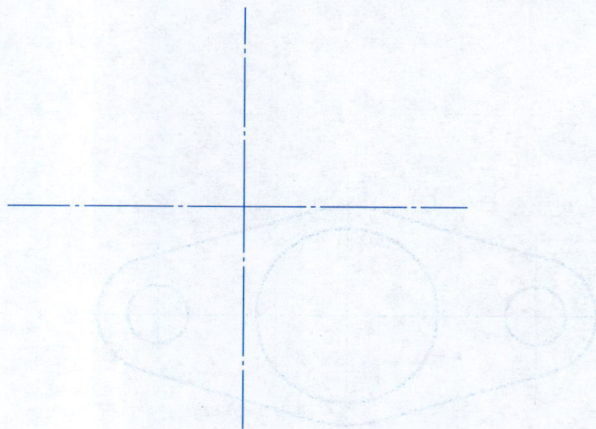

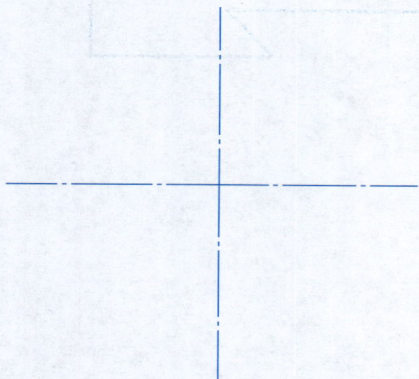

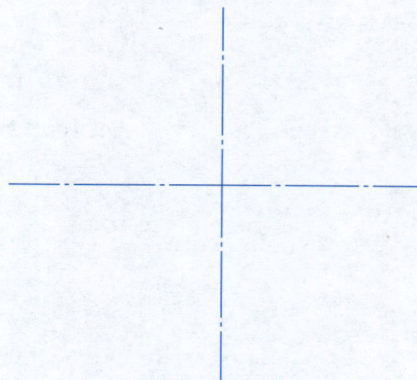

班级：_____ 姓名：_____ 学号：_____

1-6 圆弧连接

1-6-1 用半径为 R 圆弧连接已知直线

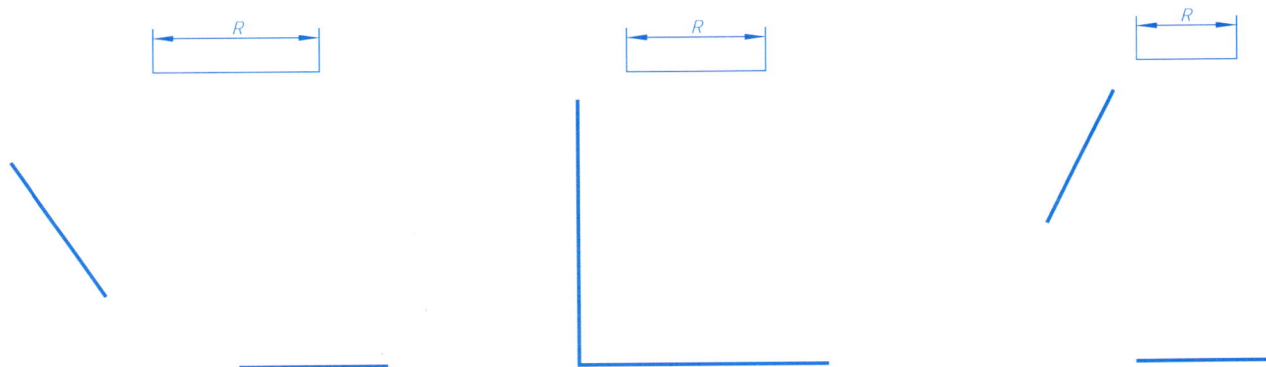

1-6-2 用圆弧连接完成下图，保留作图线

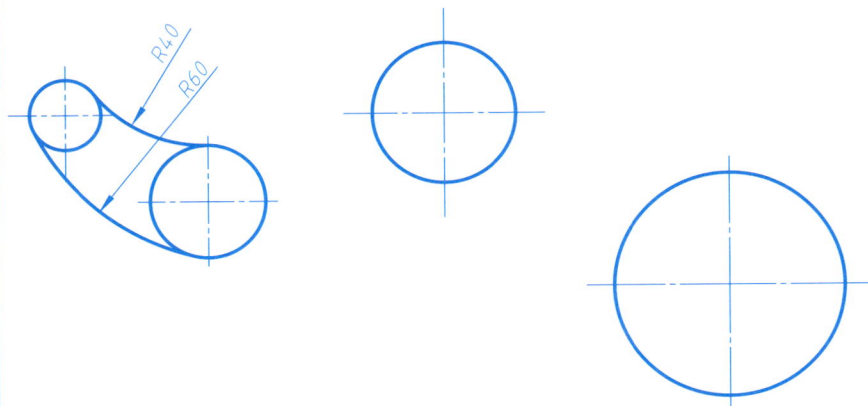

1-6-3 用圆弧连接完成下图，保留作图线

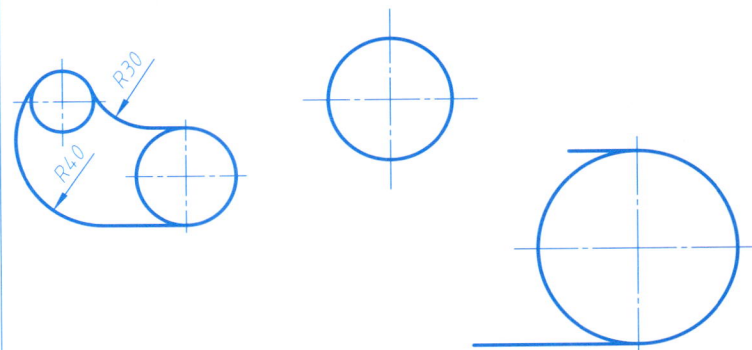

班级：_____ 姓名：_____ 学号：_____

1-7-1　参照小图在大图上作斜度

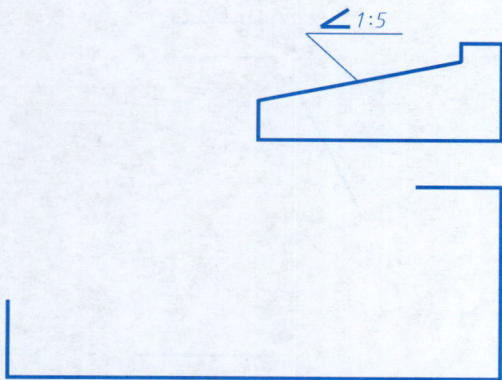

∠ 1:5

1-7-2　抄画已知图（注意锥度画法）

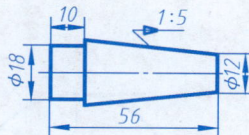

10
1:5
$\phi 18$
$\phi 12$
56

用四心法画椭圆（长轴 80、短轴 40）

　　　　　　班级：＿＿＿＿　姓名：＿＿＿＿＿　学号：＿＿＿＿＿

1-9 平面图形绘图练习

1-9-1 按 1：1 比例抄画下图，保留作图线

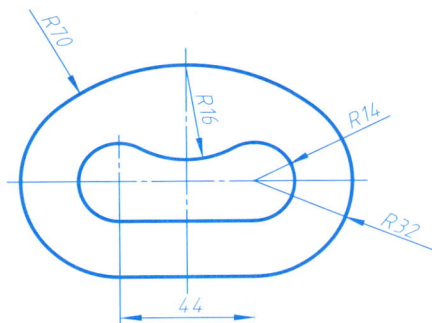

R70
R16
R14
R32
44

1-9-2 按图中尺寸抄画下图

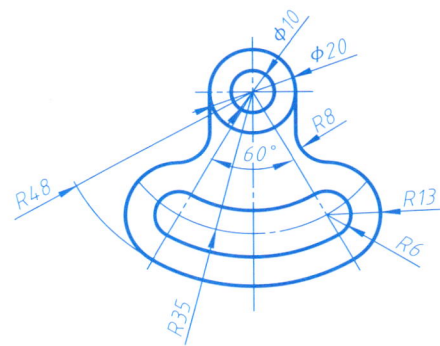

$\phi 10$
$\phi 20$
R8
R48
60°
R13
R6
R35

1-9-3 绘制复杂平面图形

一、作业内容

按照给定图形画图，并标注尺寸。

二、作业目的

1. 熟悉有关图幅、图线、字体和尺寸标注的制图国家标准。

2. 学习正确使用手工绘图仪器和工具。

3. 在对平面图形尺寸分析的基础上掌握圆弧连接的作图方法。

4. 培养严肃认真、一丝不苟的作风和画图习惯。

三、作图步骤与要求

1. 采用 A4 图纸，画出图框、标题栏等。根据图形的大小和形状布图（画基准线）。

2. 分析图形尺寸，确定画图步骤，画圆弧连接的底稿：

①画已知线段；②画中间线段；③画连接线段；④要准确地把切点和中间弧、连接弧的圆心轻轻标出，以便描深时使用。

3. 底稿完成后，应仔细检查再按顺序描深。

4. 抄注全部尺寸（要求全图箭头大小一致）。

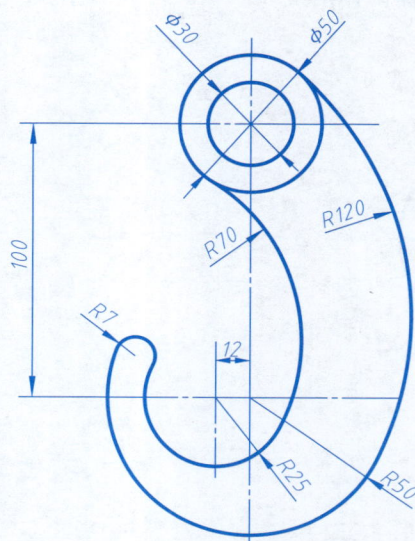

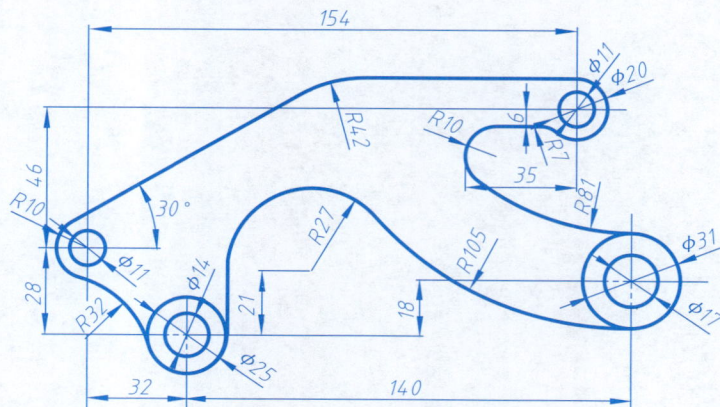

班级：_____ 姓名：_____ 学号：_____

项目二 绘制与识读形体的三视图

2-1 三视图的形成

2-1-1 基础知识填空

1. 根据投射线的特点将投影法分为_____和_____两类。

2. 平行投影法可分为_____和_____。机械制图常用_____。

3. 正投影的特性：_____、_____、_____。

4. 三个互相垂直的平面将空间分成八个分角，国标中规定了我国采用_____投影法绘制视图，三投影面体系是第一角投影法的基础，包括_____（V 面）、_____（H 面）和_____（W 面），三个投影面的交线 OX、OY、OZ 称为投影轴（即_____轴、_____轴、_____轴）。三个投影轴的交点称为_____。

5. 将物体由前向后作正投影，在 V 面所得视图，称为_____，可反映物体的_____和_____。将物体由上向下作正投影，在 H 面所得视图，称为_____，可反映物体的_____和_____。将物体由左向右作正投影，在 W 面所得视图，称为_____，可反映物体的_____和_____。

6. 物体三视图的投影规律是_____、_____、_____。

7. 主视图反映物体的_____、_____方位；俯视图反映物体的_____、_____方位；左视图反映物体的_____、_____方位。

8. 判断两点间的左右位置可以通过比较两点的_____坐标值来完成。即点的 X 坐标大的在_____，X 坐标小的在_____。判断两点间的上下位置可以通过比较两点的_____坐标值来完成。即点的 Z 坐标大的在_____，Z 坐标小的在_____。判断两点间的前后位置可以通过比较两点的_____坐标值来完成。即点的 Y 坐标大的在_____，Y 坐标小的在_____。

2-1-2 熟悉三视图的形成过程，在各个视图上分别注出方位关系（"上""下""左""右""前""后"）

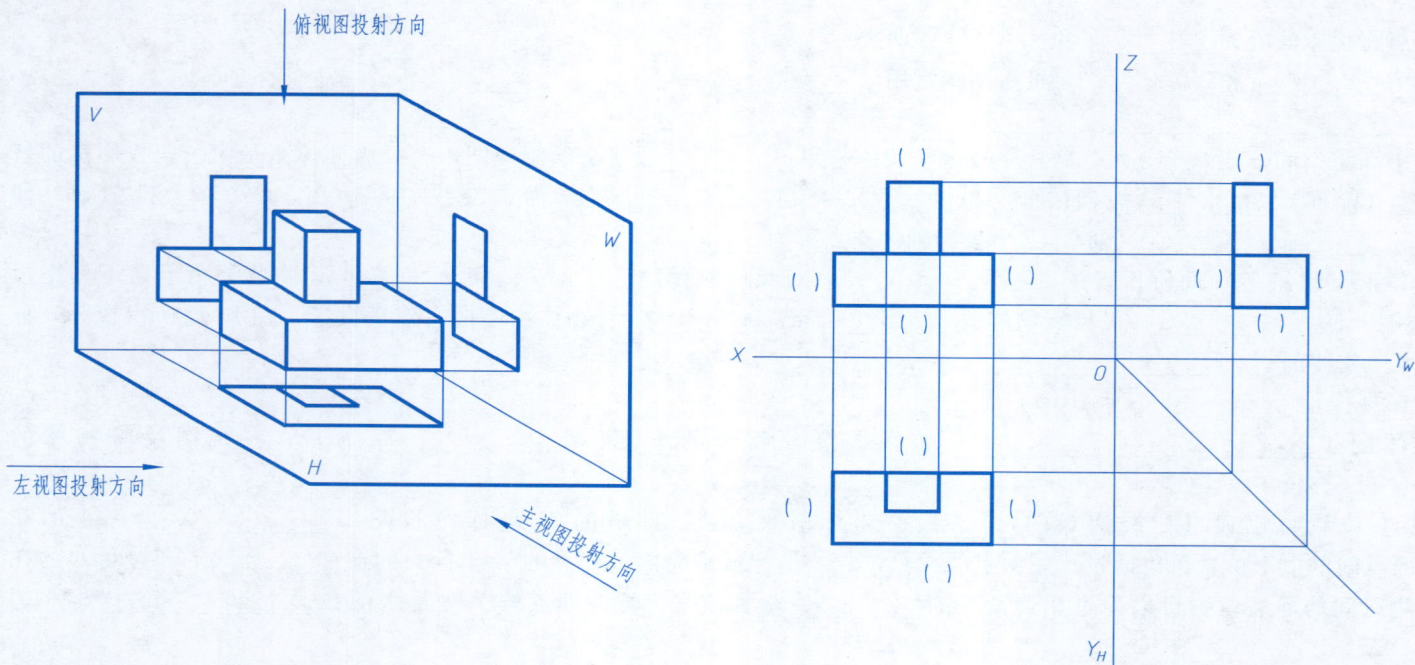

俯视图投射方向

左视图投射方向

主视图投射方向

主视图是在_____面所得视图，反映物体的_____和_____方向的尺寸；

俯视图是在_____面所得视图，反映物体的_____和_____方向的尺寸；

左视图是在_____面所得视图，反映物体的_____和_____方向的尺寸。

班级：_____ 姓名：_____ 学号：_____

2-1 三视图的形成

2-1-3 根据立体图及三视图，在三视图中标出直线 AB 与面 I 的三面投影，并回答下列问题

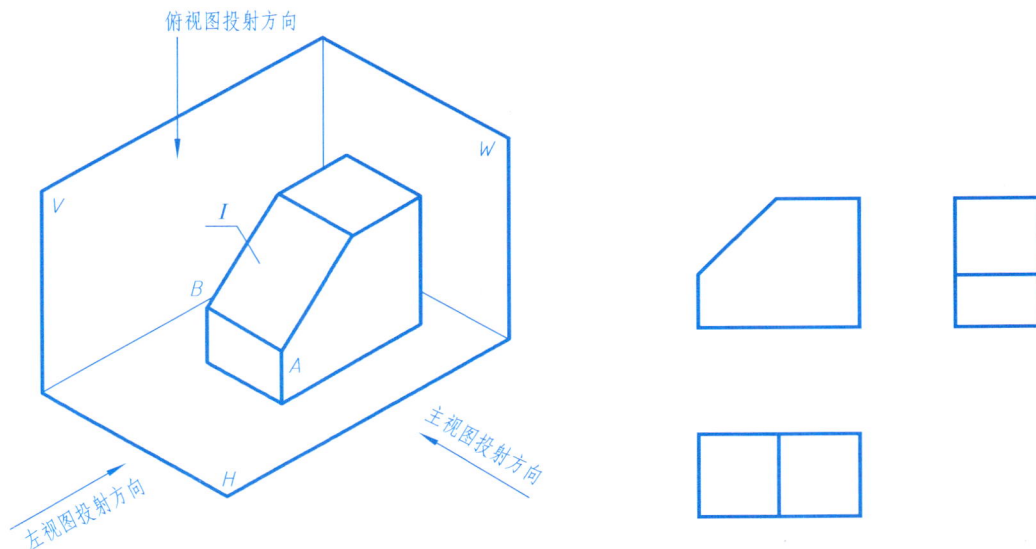

直线 AB 与 V 面的关系为_____（填"垂直"、"倾斜"或"平行"），在 V 面的投影为_____反映正投影的_____性；

与 H、W 面的关系为_____，在这两个投影面上的投影为_____反映正投影的_____性；

面 I 与 V 面的关系为_____（填"垂直"、"倾斜"或"平行"），在 V 面投影反映正投影的_____性；

与 H、W 面的关系为_____，在这两个投影面上的投影反映正投影的_____性。

2-1-4　分析下列三视图，在右图中找出与其相对应的立体图，并填上相应的编号

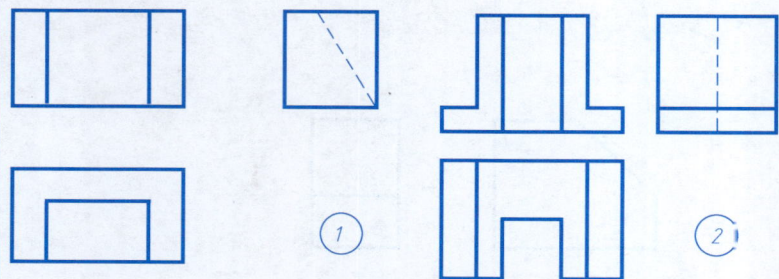

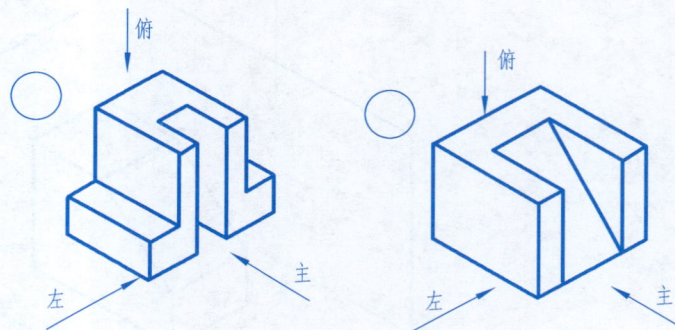

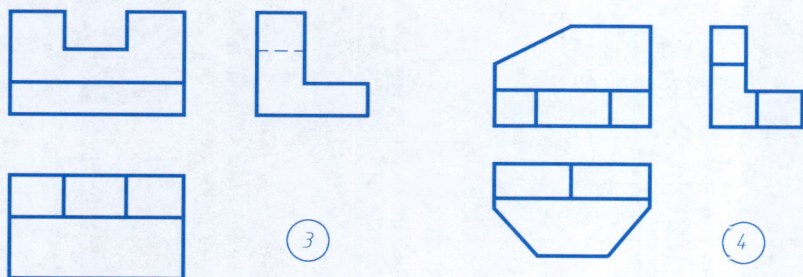

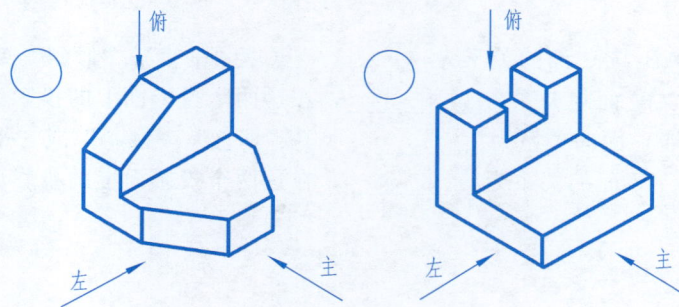

班级：＿＿＿＿　姓名：＿＿＿＿　学号：＿＿＿＿

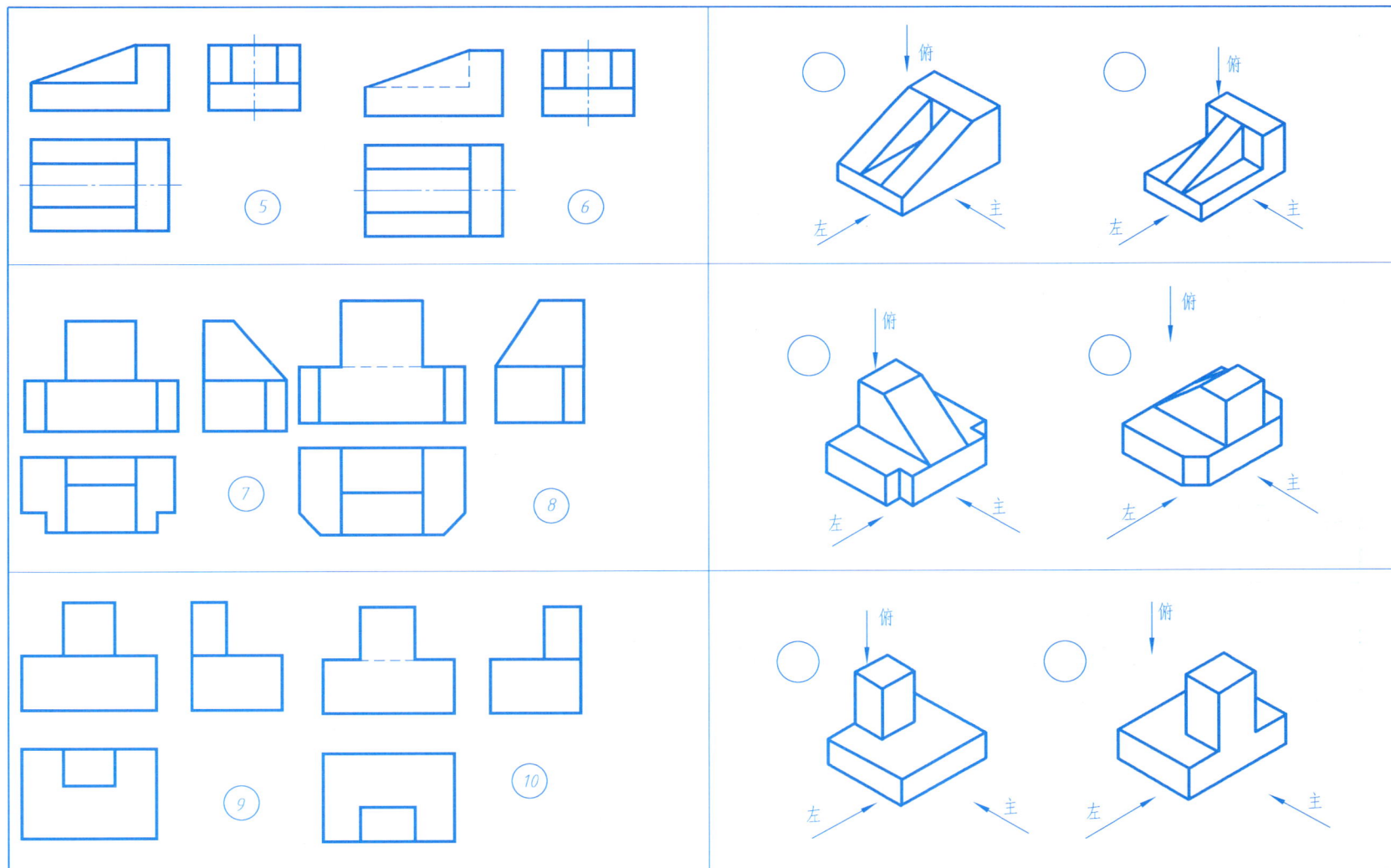

2-1 三视图的形成

2-1-5 根据实体图补画漏线

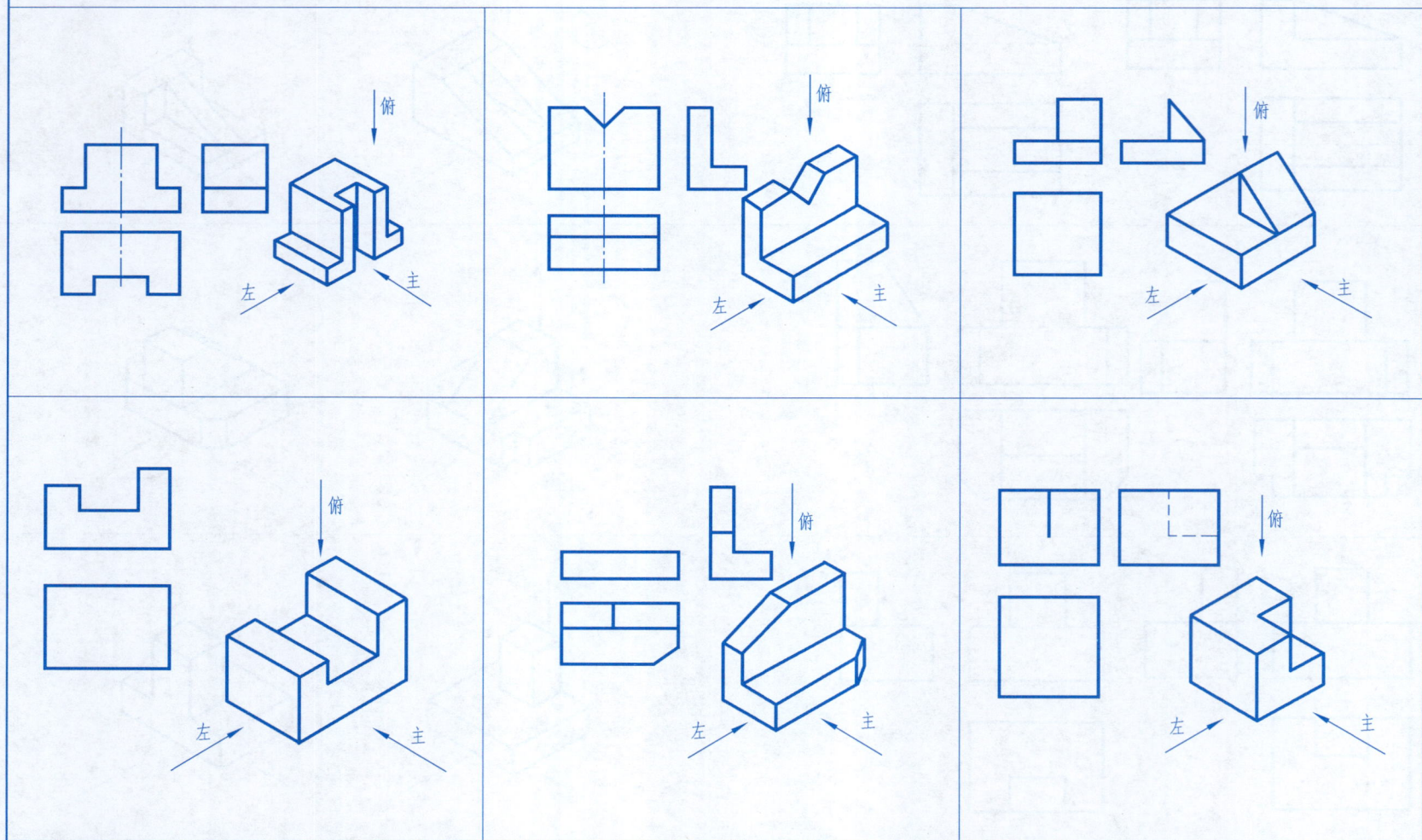

班级：_____ 姓名：_____ 学号：_____

2-2 点的投影

2-2-1 已知点 A、B 的两面投影，求作其第三面投影

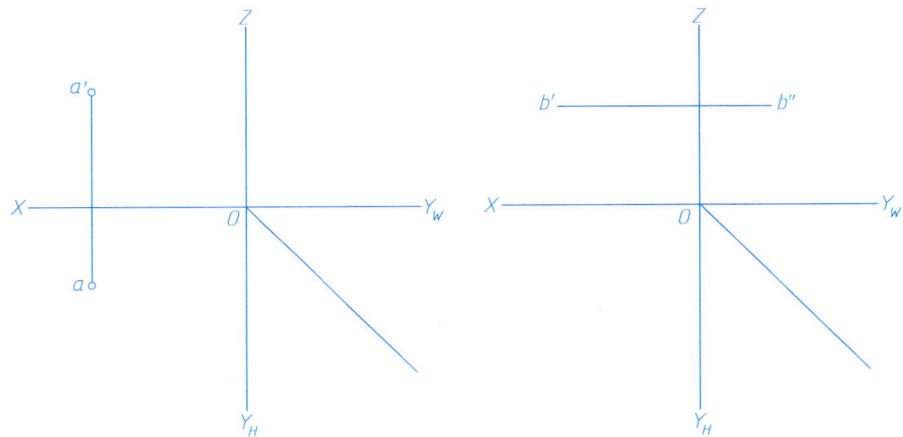

2-2-2 作点 A（15，10，20）、点 B（25，0，10）的三面投影

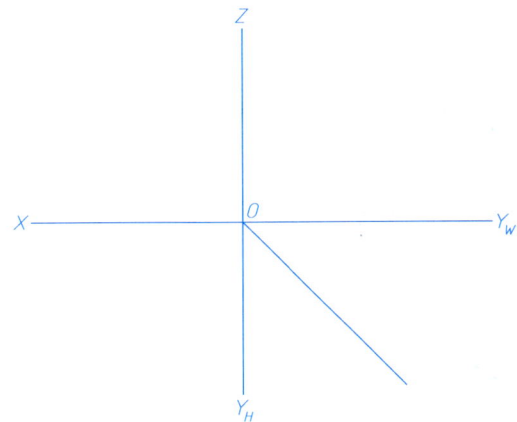

2-2-3 已知点 B 在点 A 的右 10mm，上 8mm，前 7mm，处，求作 B 点三面投影

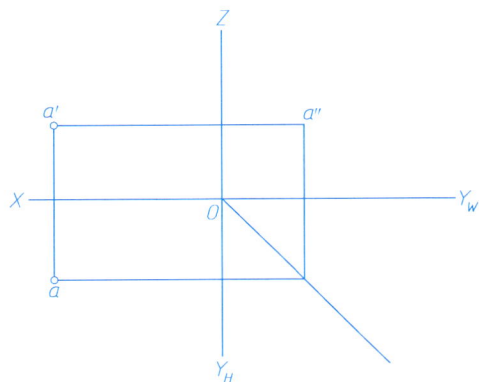

2-2-4 已知 A、B 两点的一个投影和 A 点距 V 面 20mm，B 点 Z 坐标为 0，求作 A、B 两点的另两个投影

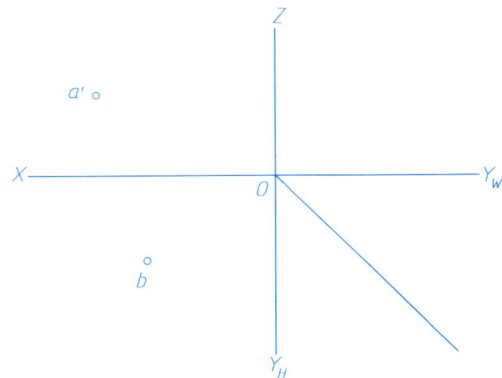

2-2-5　在三视图上标出立体图中指定点 A、B、C、D 的三面投影，并完成填空

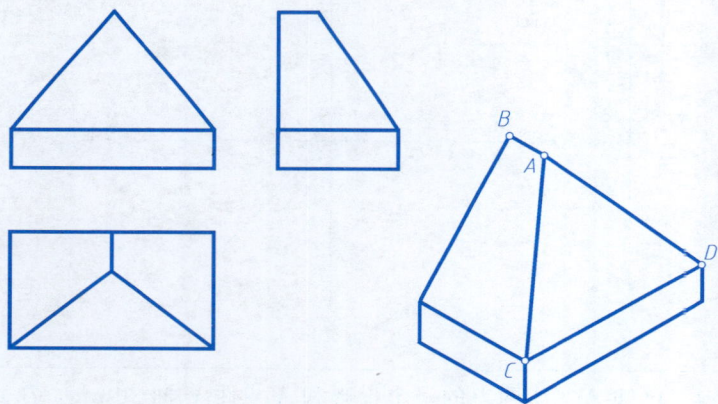

点 A 在点 B 的＿＿＿＿＿＿＿（前、后）；

点 C 在点 D 的＿＿＿＿＿＿＿（左、右）。

2-2-6　在三视图上标出立体图中指定点 A、B、C、D 的三面投影，并完成填空

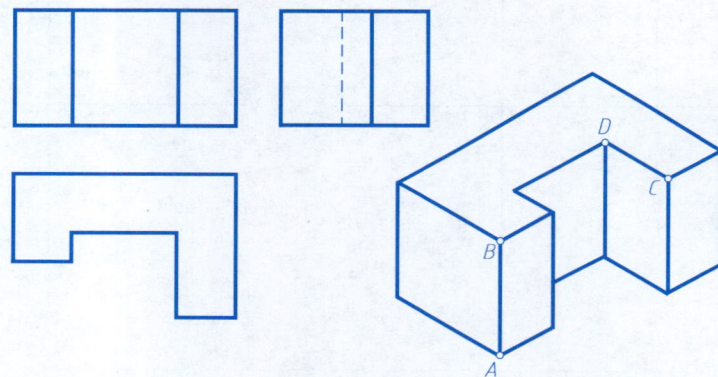

点 A 在点 B 的＿＿＿＿＿＿＿（上、下）；

点 C 在点 D 的＿＿＿＿＿＿＿（前、后）。

班级：＿＿＿＿＿＿　姓名：＿＿＿＿＿＿　学号：＿＿＿＿＿＿

2-3 直线的投影

2-3-1 判断直线的空间位置

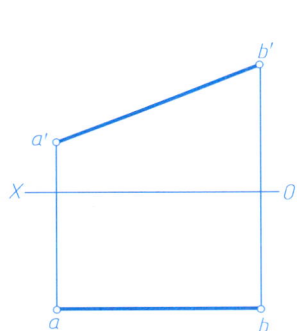

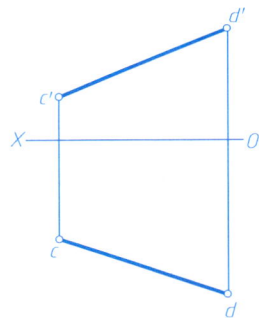

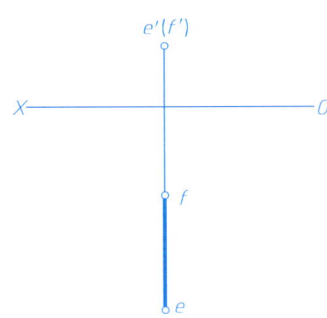

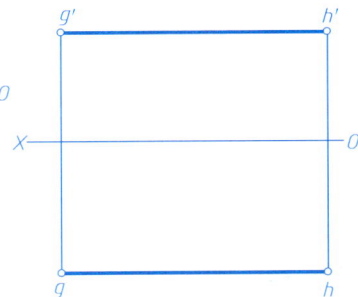

AB 是＿＿＿＿＿线　　　　　CD 是＿＿＿＿＿线　　　　　EF 是＿＿＿＿＿线　　　　GH 是＿＿＿＿＿线

2-3-2 根据立体图，补画视图中的漏线，在三视图中标出各点的投影，并回答问题

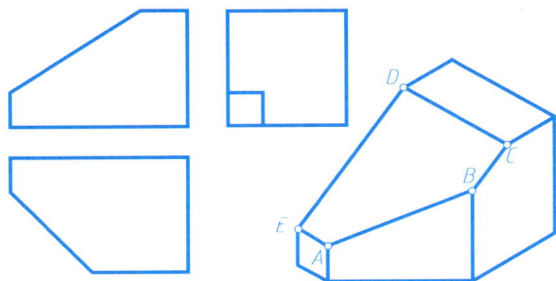

AB 是＿＿＿＿＿线；AE 是＿＿＿＿＿线；CD 是＿＿＿＿＿线；BC 是
＿＿＿＿＿线。

2-3-3 根据立体图，补画视图中的漏线，在三视图中标出各点的投影，并回答问题

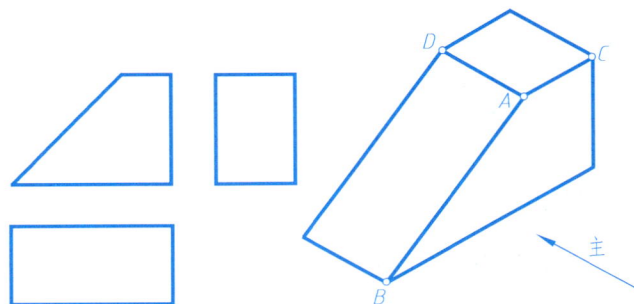

AB 是＿＿＿＿＿线，AC 是＿＿＿＿＿线，AD 是＿＿＿＿＿线。

2-3　直线的投影

2-3-4　过点 *m* 作直线 *MN*，与直线 *AB* 平行且与直线 *CD* 相交	2-3-5　已知 *M* 点在 *V* 面上，补全直线的三面投影

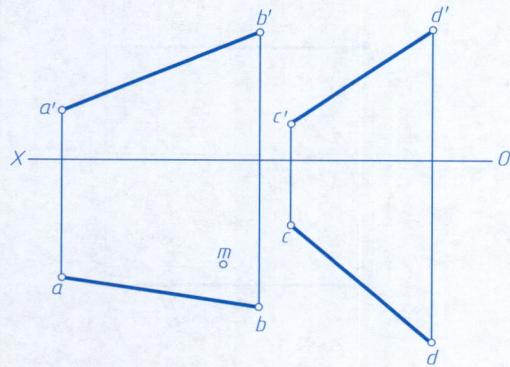

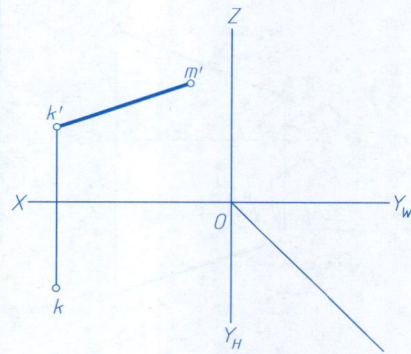

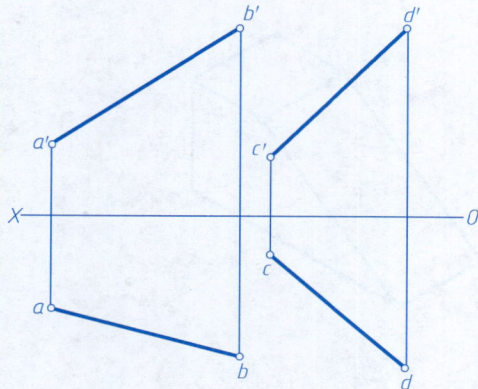

2-3-6　作一水平线 *MN*，距离 *H* 面 20mm，且与 *AB* 和 *CD* 直线相交	2-3-7　过 *A* 点作直线 *AB* 与直线 *CD* 相交，且交点距离 *H* 面 20mm

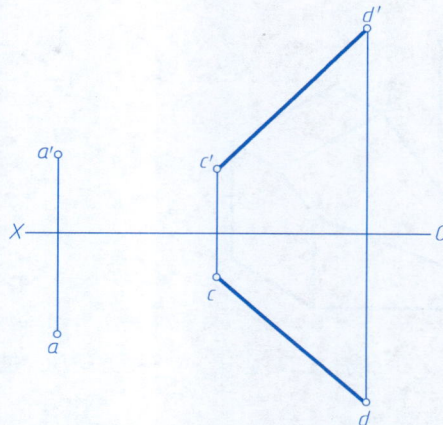

班级：_____　姓名：_____　学号：_____

2-4 平面的投影

2-4-1 已知平面的三面投影，完成填空

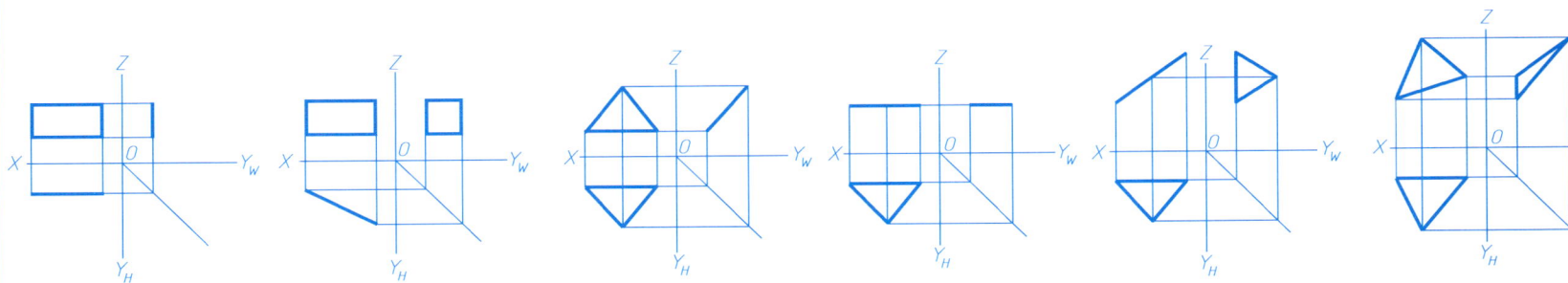

_____面；　　　　_____面；　　　　_____面；　　　　_____面；　　　　_____面；　　　　_____面。

2-4-2 已知平面的两面投影，求作其第三投影，并填空

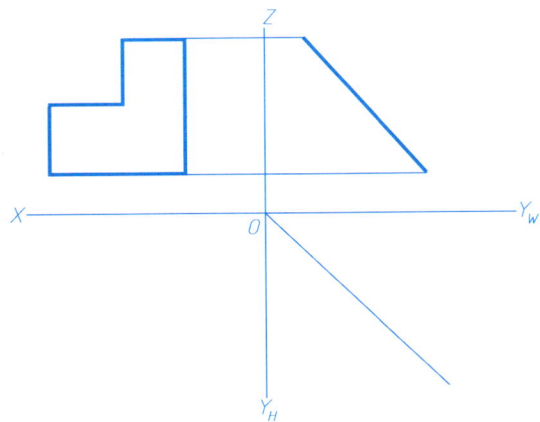

该平面是_____面。

2-4-3 已知平面的两面投影，求作其第三投影，并填空

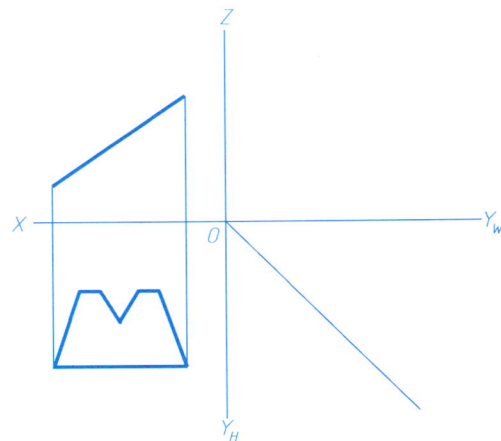

该平面是_____面。

2-4 平面的投影

2-4-4 M 点在 ABC 平面上，已知投影 m，求 m′

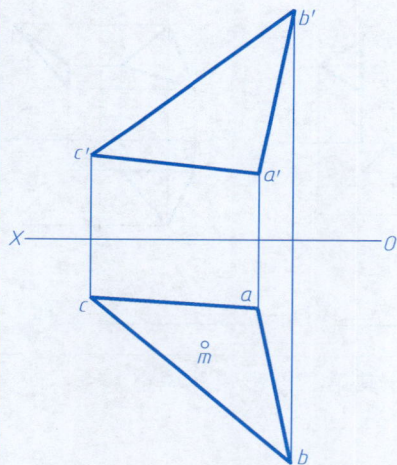

2-4-5 已知点 M 在 ABC 平面上，完成平面 abc 投影

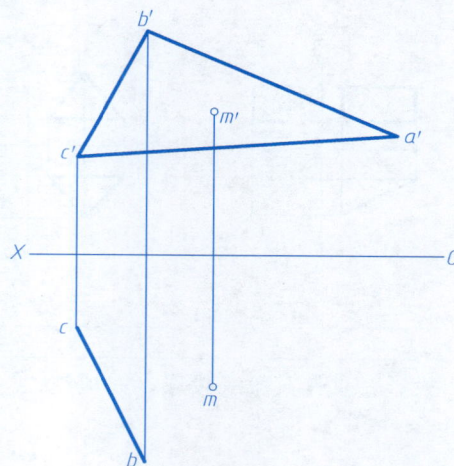

2-4-6 在三视图上将平面 P 的三面投影用粗实线描出，并填空

该平面 P 是_____面。

2-4-7 完成四边形 ABCD 的水平投影

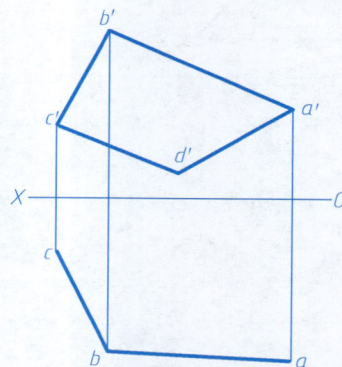

2-5 平面立体的三视图

2-5-1 补画正三棱柱的三视图，并求表面上 A 点的投影	2-5-2 补画正三棱柱的三视图，并求表面上 B 点的投影

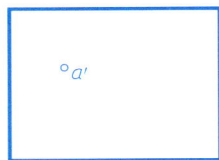

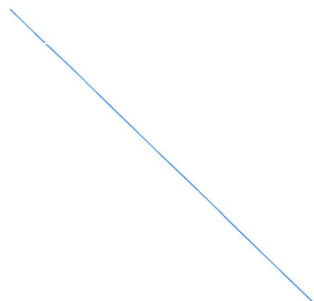

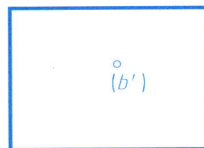

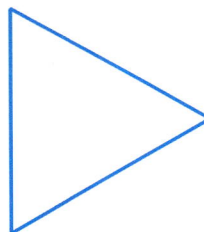

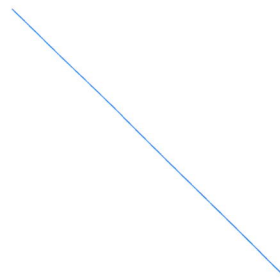

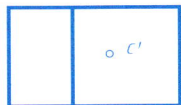

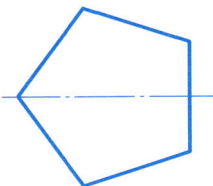

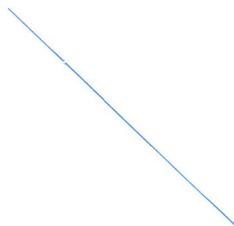

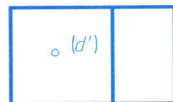

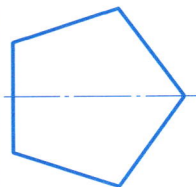

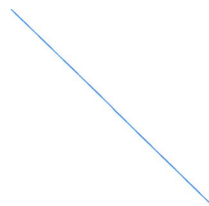

2-5-5　补画正三棱锥的三视图，并求表面上 E 点的投影（用辅助线法）	2-5-6　补画正三棱锥的三视图，并求表面上 F 点的投影（用辅助面法）
∘e′	∘(f′)
2-5-7　补画正三棱台的三视图，并求表面上 G 点的投影（用辅助线法）	2-5-8　补画正三棱台的三视图，并求表面上 H 点的投影（用辅助面法）
∘g′	(h′)∘

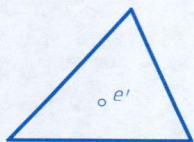

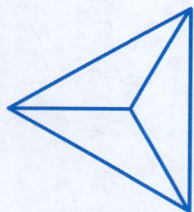

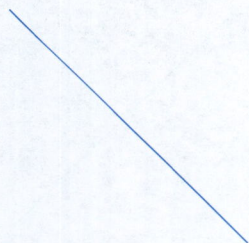

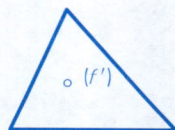

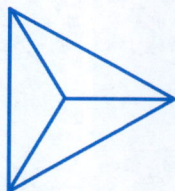

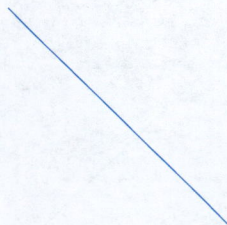

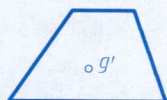

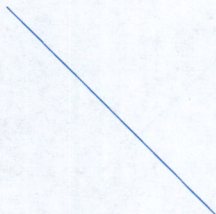

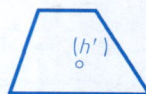

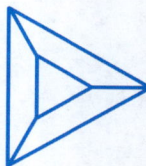

班级：_____　姓名：_____　学号：_____

2-6 曲面立体的三视图

2-6-1 补画圆柱的三视图，并求表面上 A、B 两点的投影	2-6-2 补画圆锥的三视图，求表面上 C 点的投影（用辅助线法）
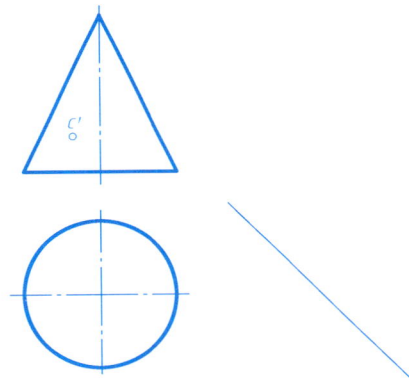	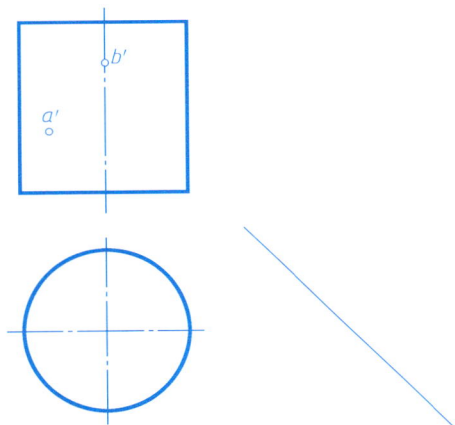
2-6-3 补画圆锥的三视图，并求表面上 D 点的投影（用辅助面法）	2-6-4 补画半球的三视图，并求表面上 E、F 两点的投影
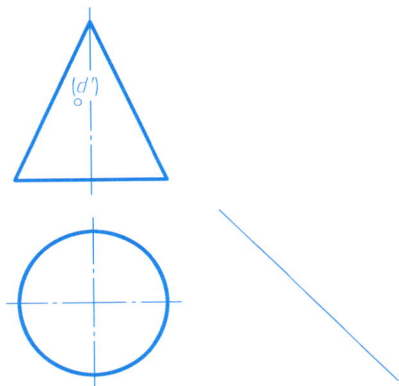	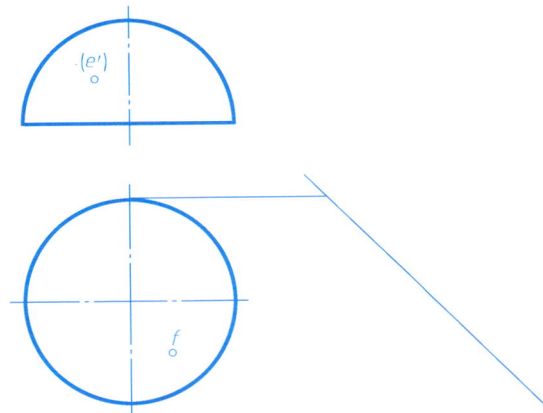

2-7-1 补画视图中的漏线

（1）

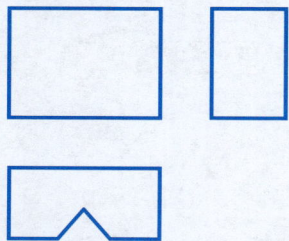

（2）

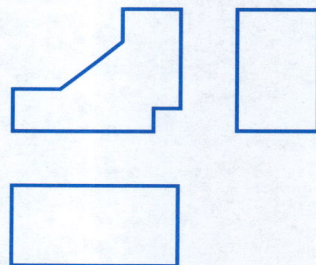

（3）

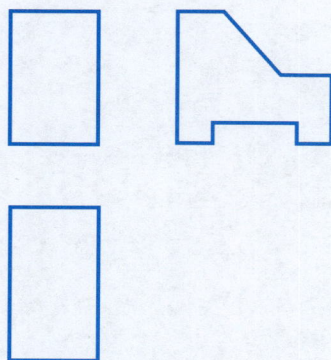

（4）

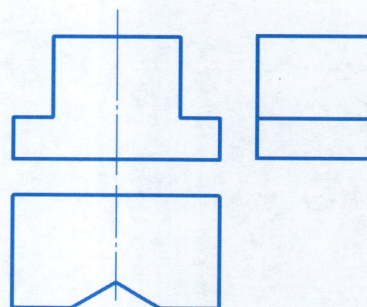

班级：_____ 姓名：_____ 学号：_____

2-7-2 分析平面体截切特点，补画左视图

（1）

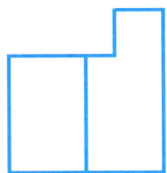

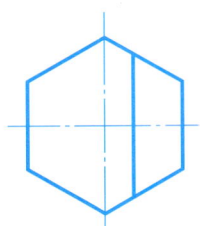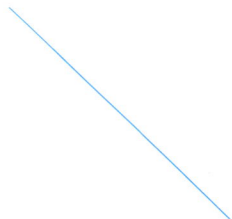

（2）

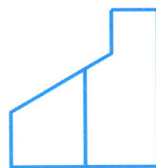

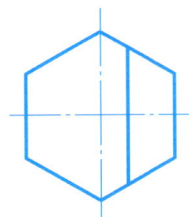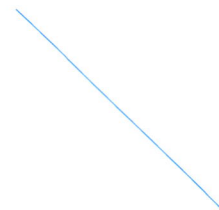

（3）

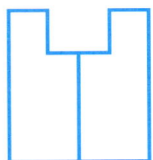

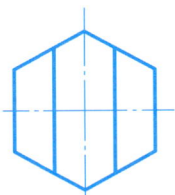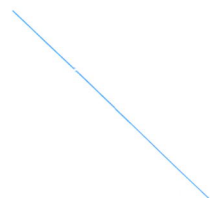

（4）

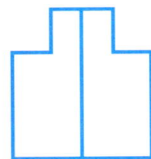

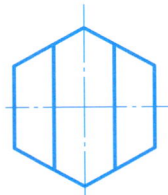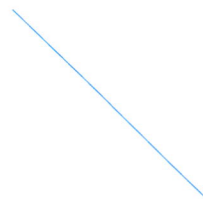

2-7-3 分析平面体截切特点，补画俯视图

（1）

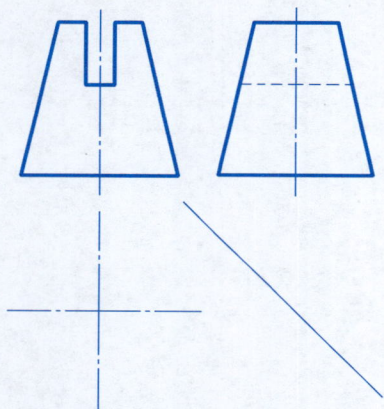

（2）

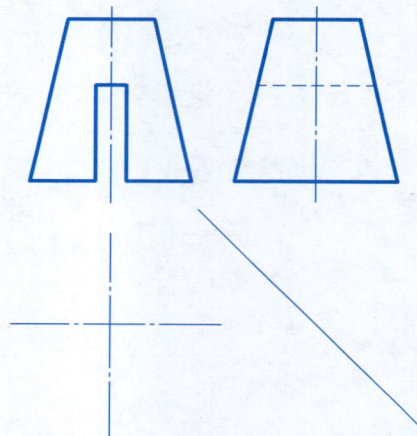

2-7-4 分析圆柱体截切特点，补画左视图

（1）

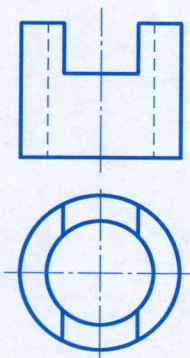

（2）

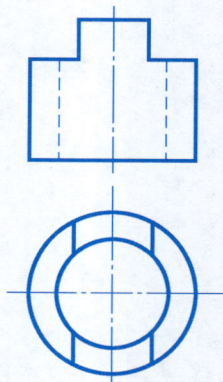

班级：_____ 姓名：_____ 学号：_____

2-7-5 分析圆锥体截切特点，补画俯、左视图

（1）

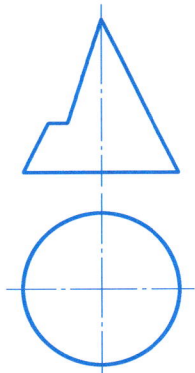

（2）

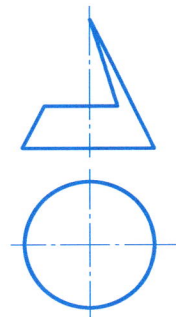

2-7-6 分析球体截切特点，补画俯、左视图

（1）

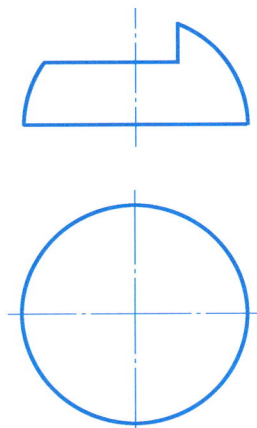

（2）

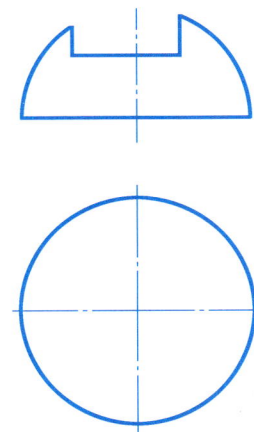

分析相贯线的投影，补画相贯线

（1）

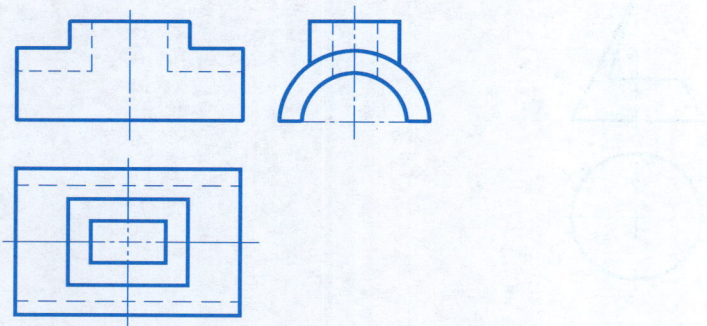

（2）

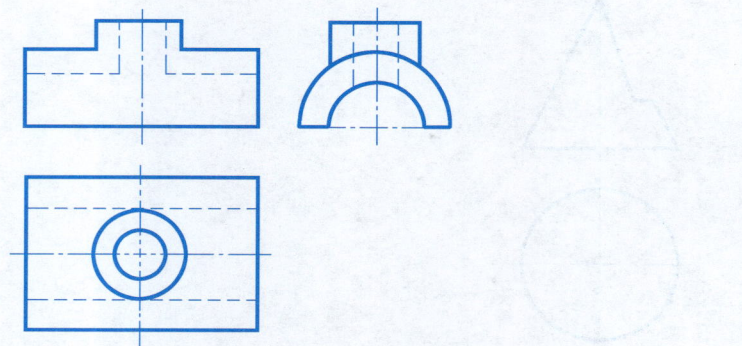

（3）

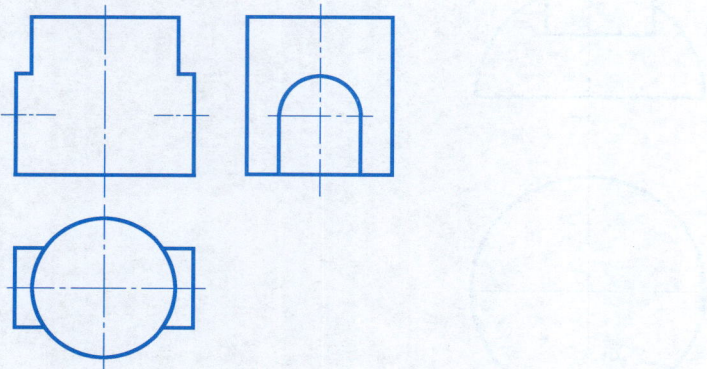

（4）

班级：_____ 姓名：_____ 学号：_____

2-9 基本体三视图的画法（根据轴测图，画三视图，不标注尺寸）

（1）

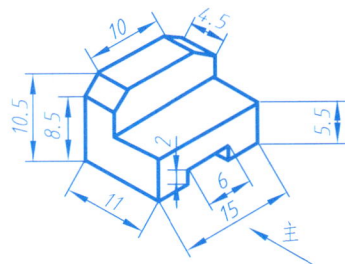

（2）

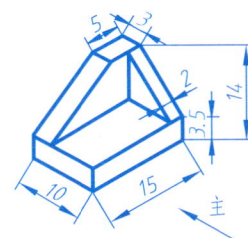

（3）

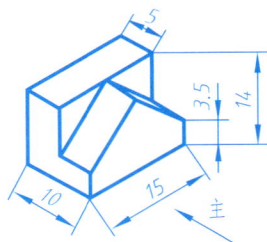

（4）

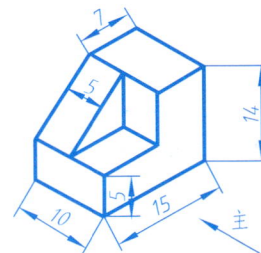

2-10 组合体三视图的画法

2-10-1 补画下列组合体表面交线

(1)

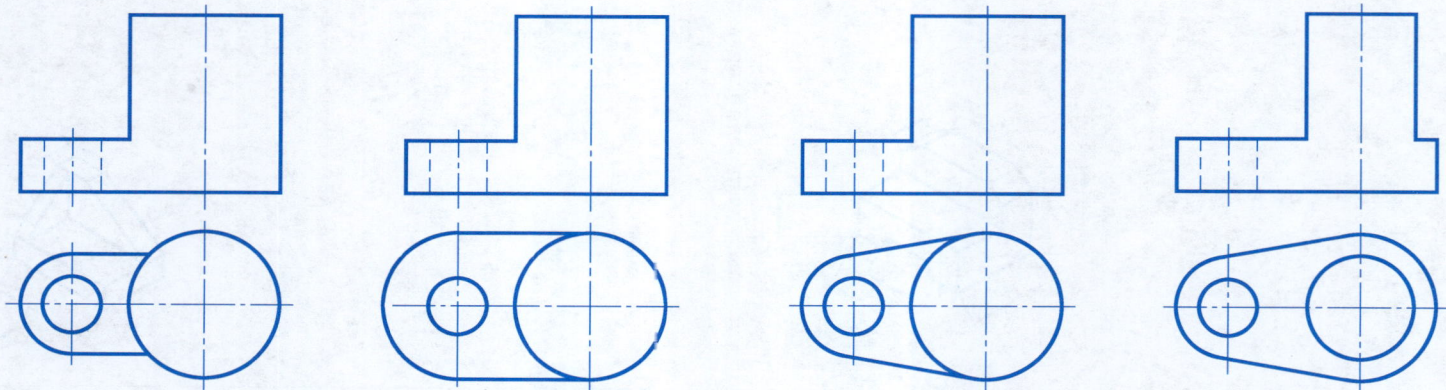

(2)

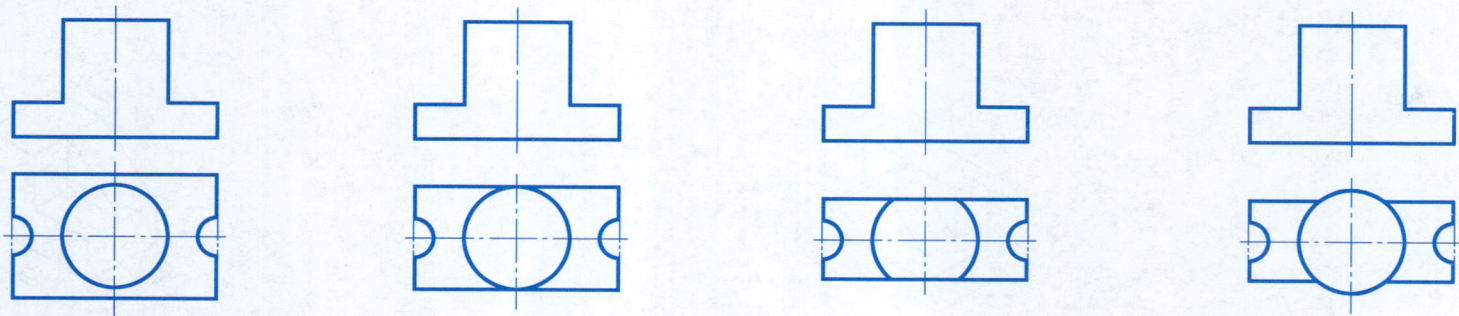

班级：_____ 姓名：_____ 学号：_____

2-10-2　补画下列组合体视图中漏线

（1）

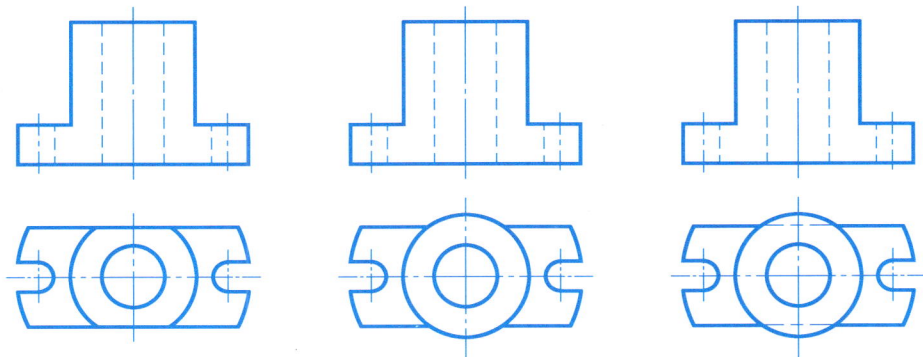

（2）

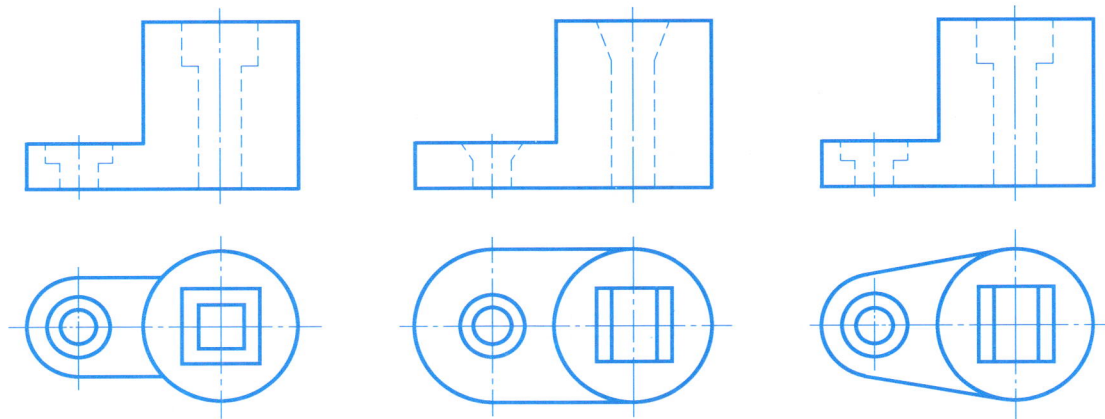

2-10-3 补画视图中漏线

(1)

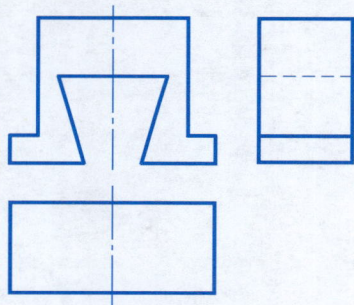

(2)

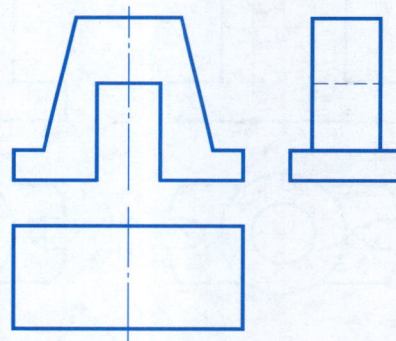

(3)

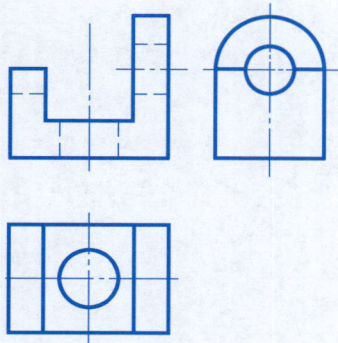

(4)

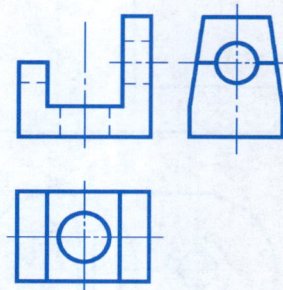

班级：_____ 姓名：_____ 学号：_____

2-10 组合体三视图的画法

2-10-3 补画视图中漏线

（5）

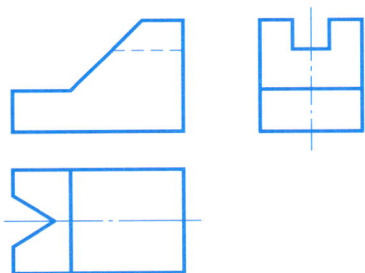

（6）

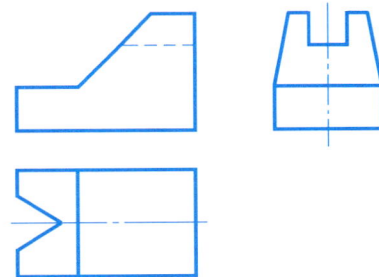

2-10-4 补画第三视图

（1）

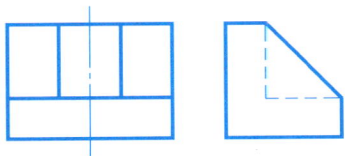

（2）

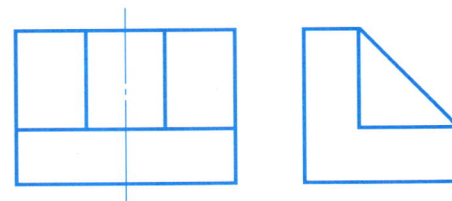

2-10-4　补画第三视图

（3）

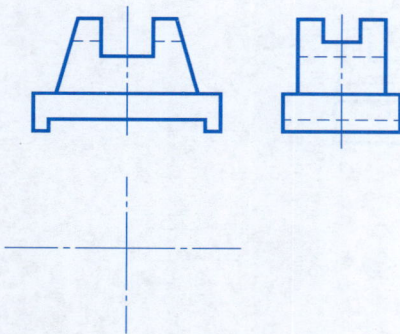

（4）

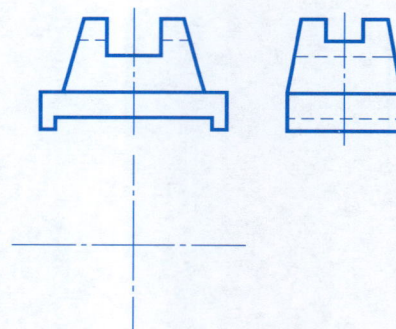

（5）

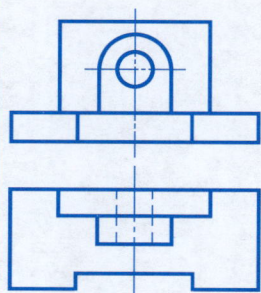

（6）

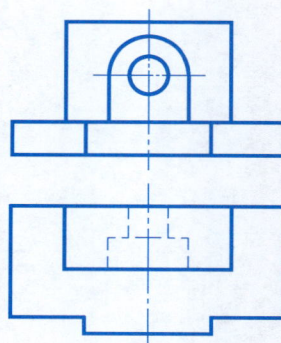

班级：＿＿＿＿＿　姓名：＿＿＿＿＿　学号：＿＿＿＿＿

2-10-5 组合体尺寸标注（尺寸在图中直接量取，取整数）

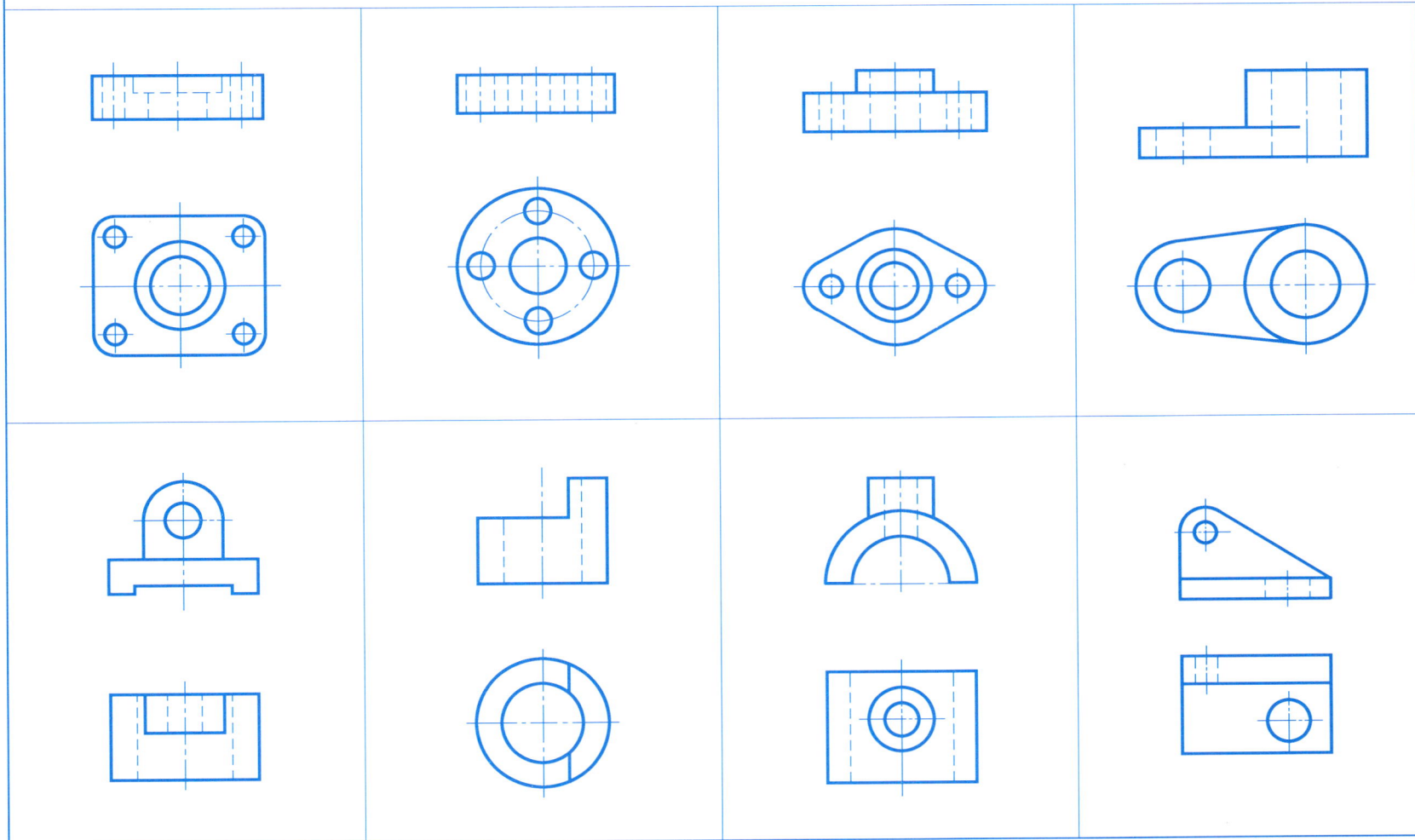

2-10-6　组合体三视图画法（根据轴测图画三视图，不标注尺寸）

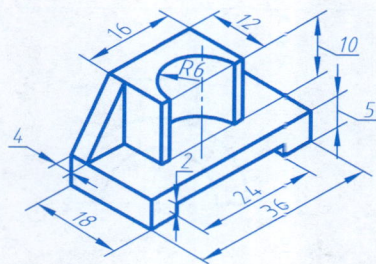

班级：_____　姓名：_____　学号：_____

2-10-7 画组合体三视图

一、作业内容

根据轴测图用 A4 图纸，选用适当的比例画组合体的三视图。

二、作业目的

掌握组合体三视图的画法。

三、作图步骤与要求

1. 运用形体分析法，分析各组成体的特征，相对位置和表面连接关系。

2. 按指定的方向或选择反映组合体特征最明显的方向作为主视图的投射方向。

3. 画好底稿，（画图时注意布图均匀，要保留标注尺寸的位置）检查无误后，擦掉多余的线条，按标准描粗并标注尺寸。

4. 按标准的字体填写标题栏。

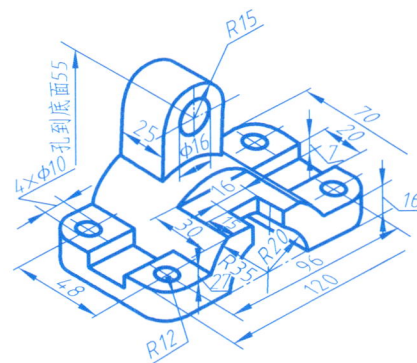

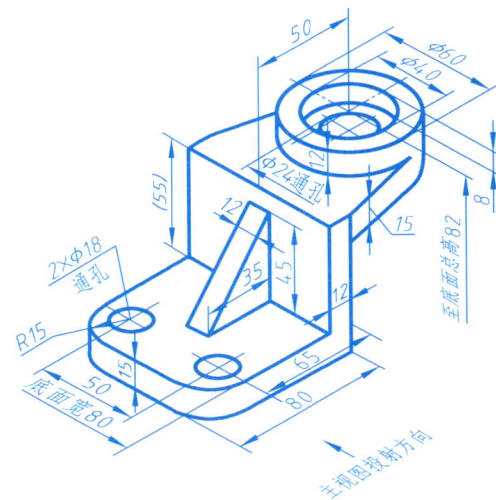

班级：_____ 姓名：_____ 学号：_____

2-10　组合体三视图的画法

2-10-8　组合体尺寸标注作业

一、作业内容

根据两个视图，想象形体，画出第三个视图，并标注尺寸。

二、作业目的

1. 学会运用形体分析法和线面分析法，想象形体，补画第三个视图，标注出组合体的尺寸

2. 学会分析和绘制相贯线和截交线，进一步提高看图能力和画图能力。

三、作业指导

1. 首先根据给出的两个视图，分析组合体的结构，想象组合体的形状。

2. 在对组合体进行分析时，应注意分析表面连接关系。

3. 采用 A3 幅面图纸，横放。

4. 绘制视图时，要注意布局要合理，并保留足够的尺寸标注位置。

5. 尺寸标注要完整、清晰，符合国家标准。

班级：_____　姓名：_____　学号：_____

2-11 轴测图

2-11-1　完成正等轴测图（立体拉伸的长度取 4 个单位）

（1）

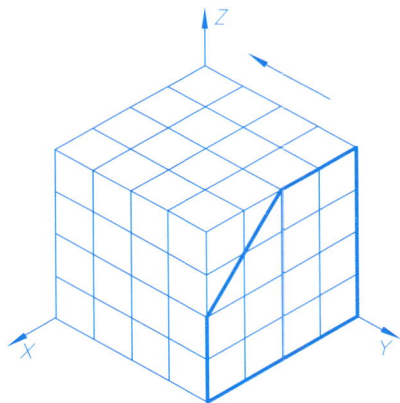

（2）

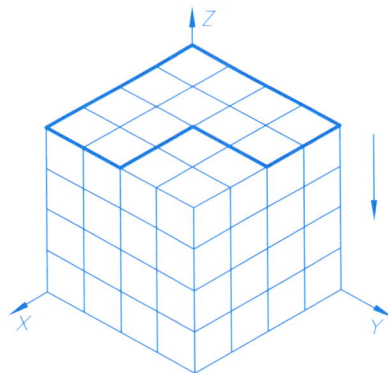

（3）

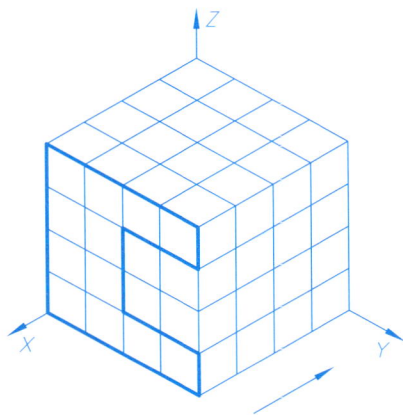

（4）

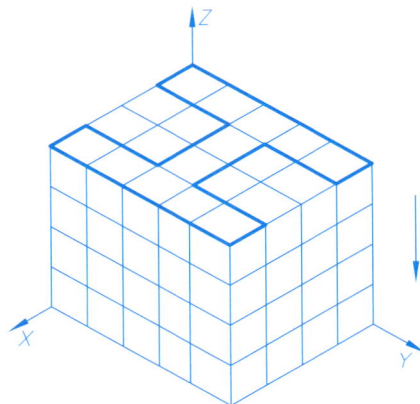

2-11-2 根据已知两个视图，完成正等轴测图，并补画第三视图

(1)

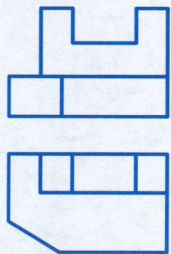 

(2)

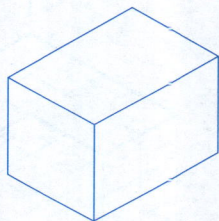 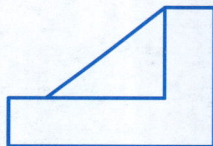 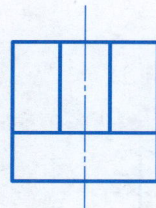

(3)

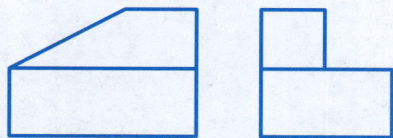 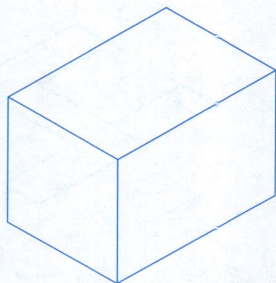

(4)

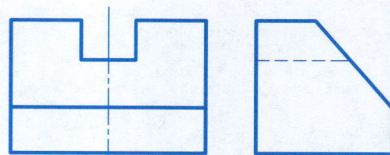 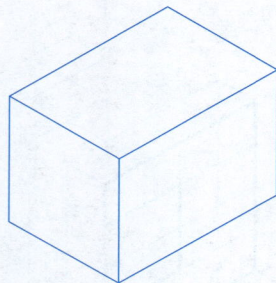

班级：_____ 姓名：_____ 学号：_____

2-11-3 根据已知三视图，完成正等轴测图

（1）

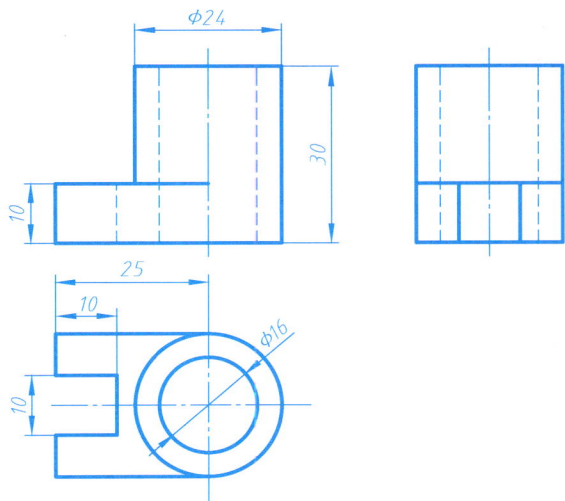

（2）

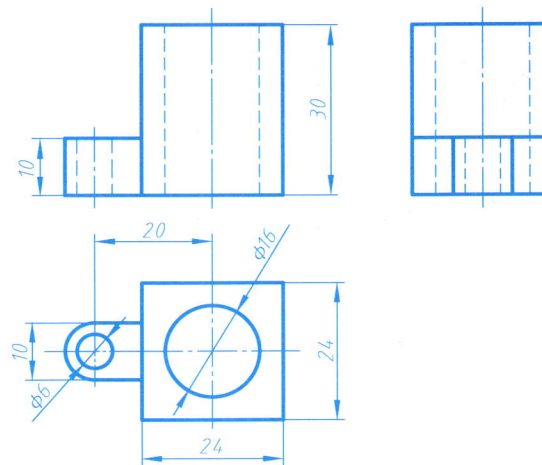

2-11-4 根据已知三视图，完成斜二测轴测图

（1）

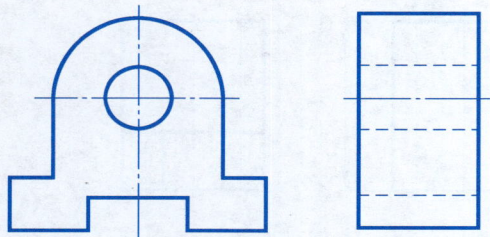
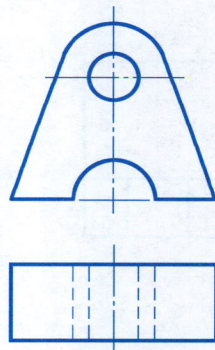

（2）

班级： 姓名： 学号：

项目三 图样的基本表达方法

3-1 视图

3-1-1 根据所给主、俯、左三视图，画出 A、B、C 向视图

（1）

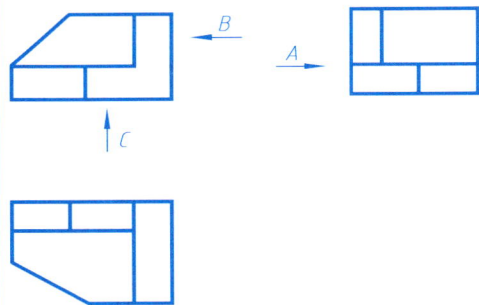

（2）

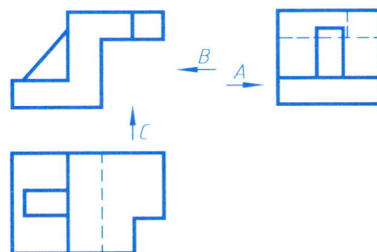

3-1-2 根据所给主、俯视图，想象形体，画出 A、B 处所指的局部视图，其中 A 处按投影关系配置，B 处不按投影关系配置

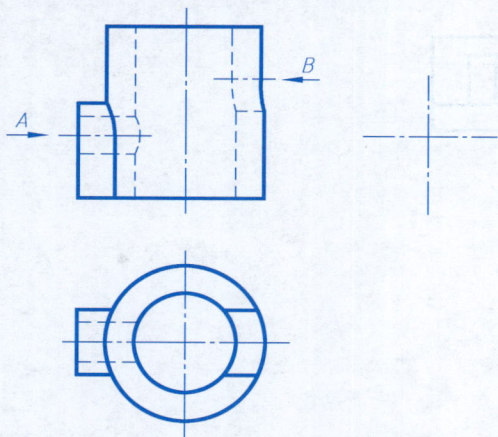

3-1-3 根据已知视图，画出 A 向斜视图，并按规定标注

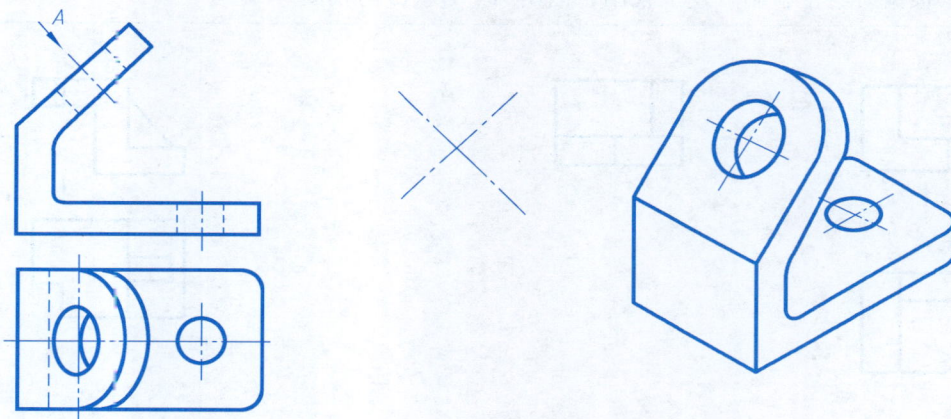

班级：_____ 姓名：_____ 学号：_____

3-1 视图

3-1-4 根据已知视图，画出 A 向斜视图，并按规定标注

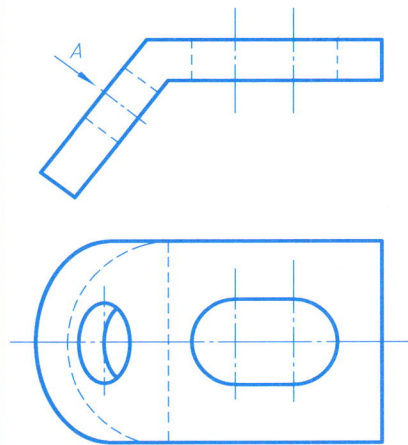

3-1-5 根据已知视图，画出 B 向斜视图，并按规定标注

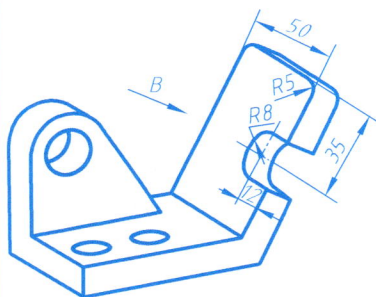

3-2 剖视图

3-2-1 将主视图改画成全剖视图	
(1) 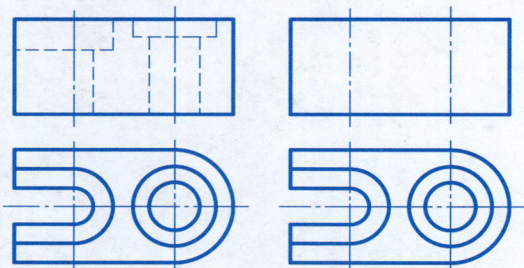	(2) 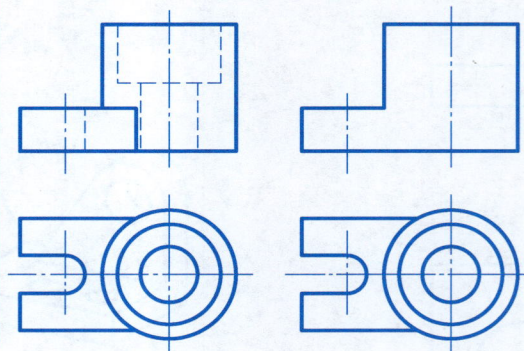
(3) 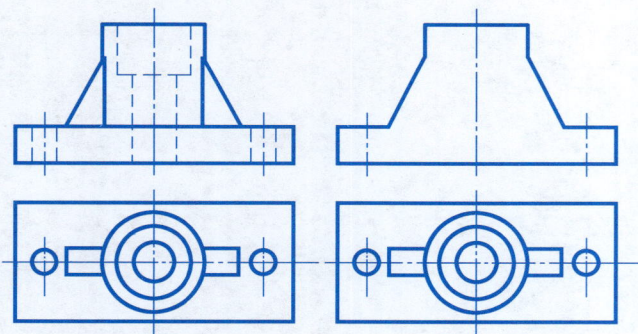	(4) 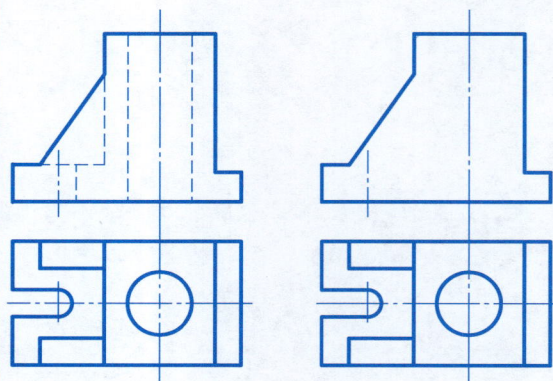

班级：_____ 姓名：_____ 学号：_____

3-2 剖视图

3-2-2 将左视图画成全剖视图

（1）

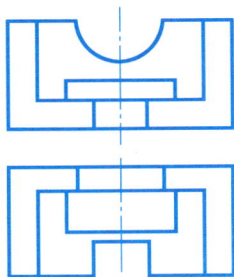

（2）

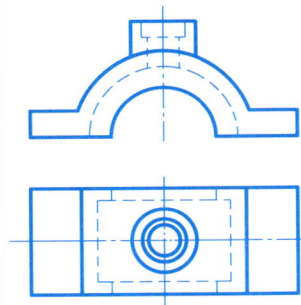

（3）

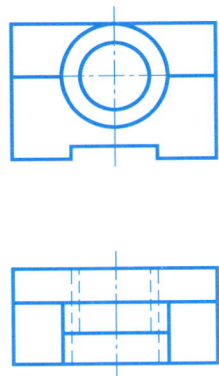

（4）

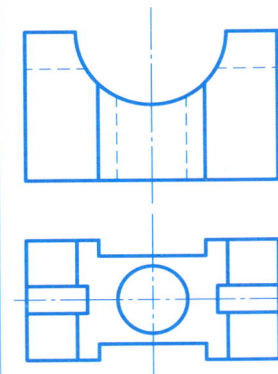

3-2 剖视图

3-2-3 画 $A—A$ 斜剖视图

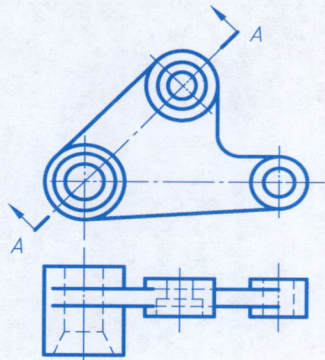

3-2-4 将主视图用平行剖切面改画成全剖视图（阶梯剖）

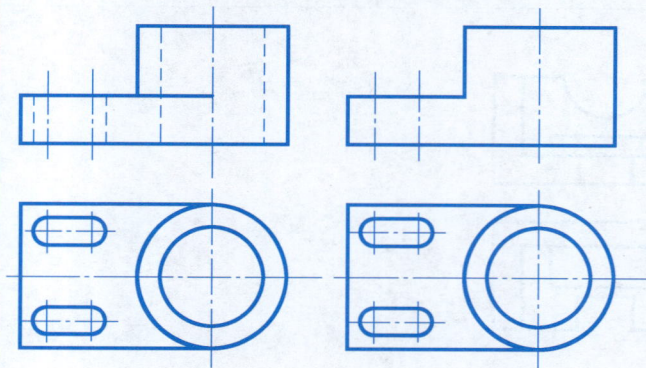

3-2-5 将主视图用平行剖切面改画成全剖视图（阶梯剖）

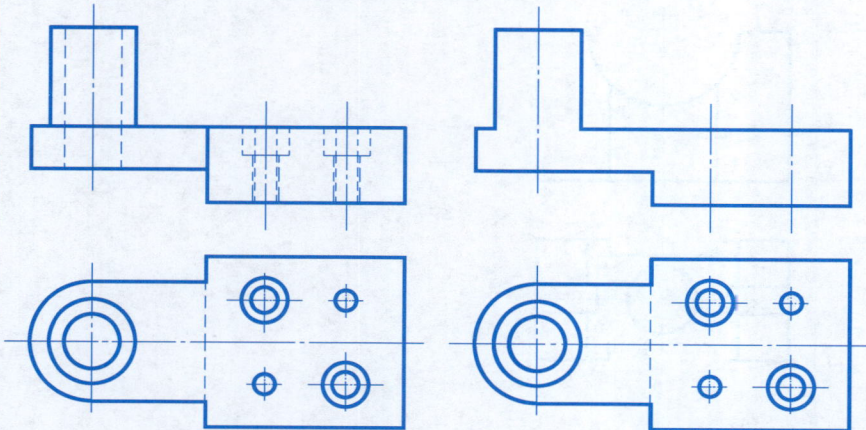

3-2-6 将主视图用相交剖切面改画成全剖视图（旋转剖）

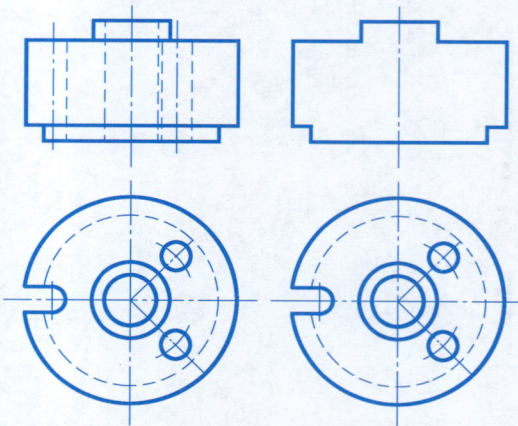

班级：_____ 姓名：_____ 学号：_____

3-2-7 将主视图改画成半剖视图

（1）

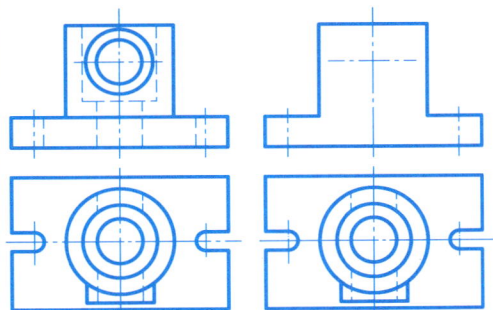

（2）

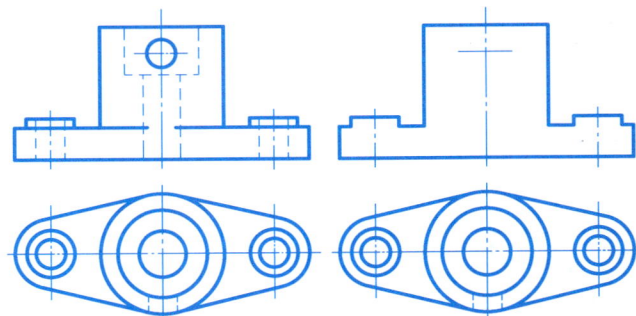

（3）

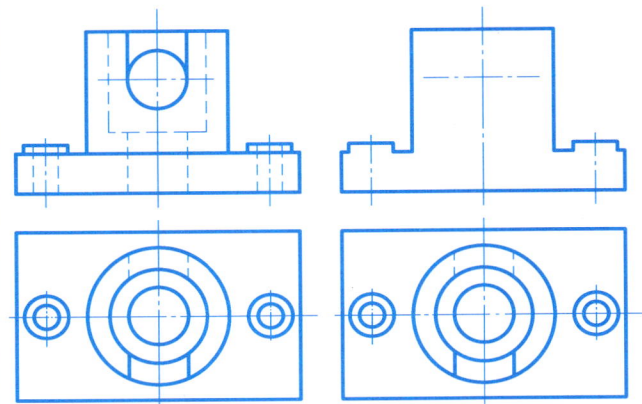

（4）

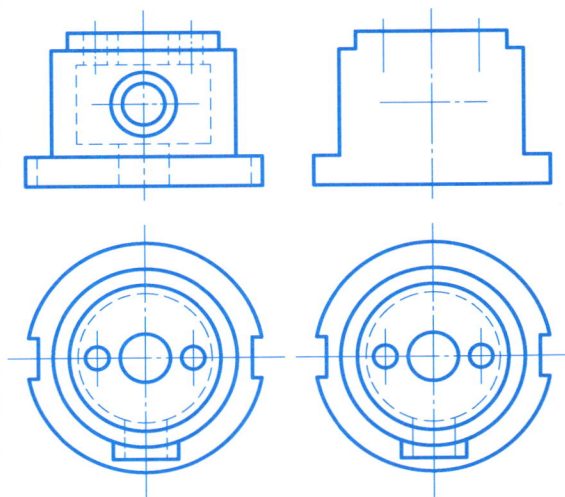

3-2 剖视图

3-2-8　根据已知视图，将左视图画成 *B—B* 半剖视图

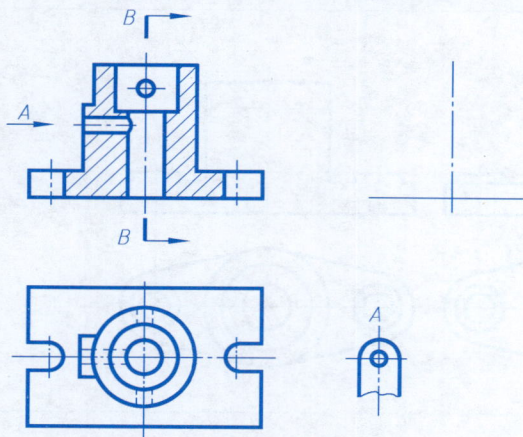

3-2-9　根据已知的视图选择正确方法将主视图改画成局部剖视图

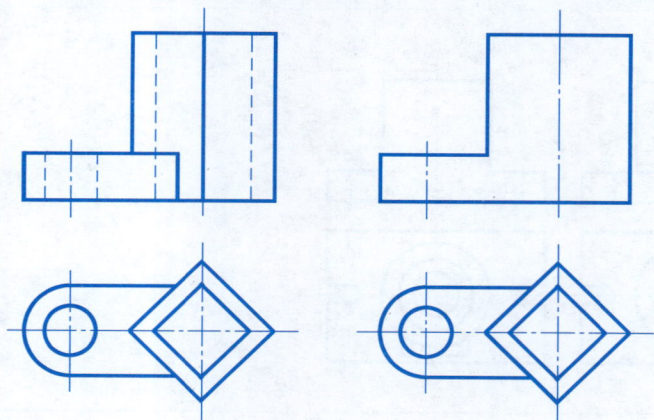

3-2-10　根据已知的视图选择正确方法将主、俯视图改画成局部剖视图

3-2-11　根据已知的视图选择正确方法将主、俯视图改画成局部剖视图

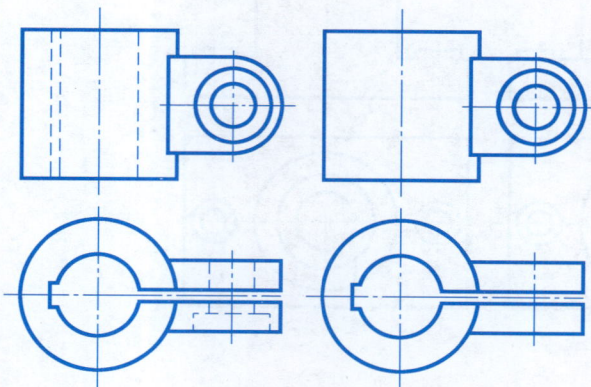

班级：_____　姓名：_____　学号：_____

3-2 剖视图

3-2-12 剖视图综合练习（用合适的表达方法表达该零件的结构）

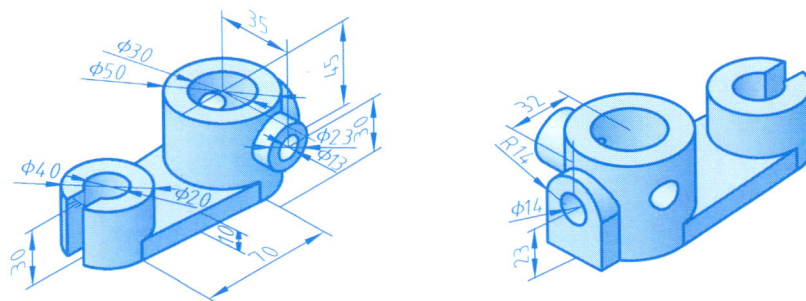

3-2 剖视图

3-2-13 图纸作业（用合适的表达方法表达该零件的结构）

一、内容

根据已知视图，选择合适的表达方法并标注尺寸。

二、目的

1. 灵活运用所学表达方法，选择合适的方法表达形体。

2. 掌握剖视图的画法。

三、要求

1. 用 A3 图纸。

2. 选定合适的绘图比例。

3. 描深加粗，标注尺寸。

四、注意事项

1. 在看清或想出机件形状的基础上，考虑应选取哪些视图，再分析机件上哪些内部结构需采用剖视，然后确定怎样剖切。选择剖视可考虑几种方案，并进行比较，从中选出恰当的表达方案。

2. 剖视图应直接画出，而不是先画完视图，再将视图改画成剖视图。

3. 剖面线最好不画底稿线，而在描图时一次画成。这样既能保证剖面线的清晰，又便于控制各个视图中剖面线的方向、间隔一致，还有利于提高绘图速度。

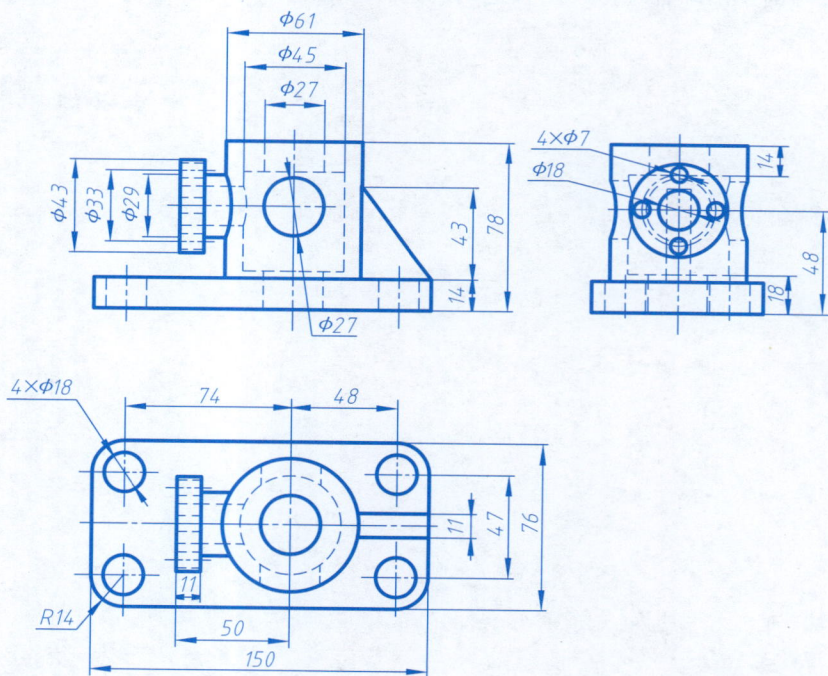

班级：_____ 姓名：_____ 学号：_____

3-3　断面图

3-3-1　画出指定位置的移出断面图（右端键槽深 3mm）

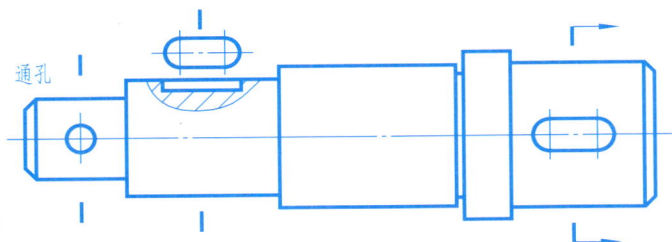

通孔

3-3-2　画出指定位置的移出断面图（左端键槽深 4mm，右端键槽深 3mm）

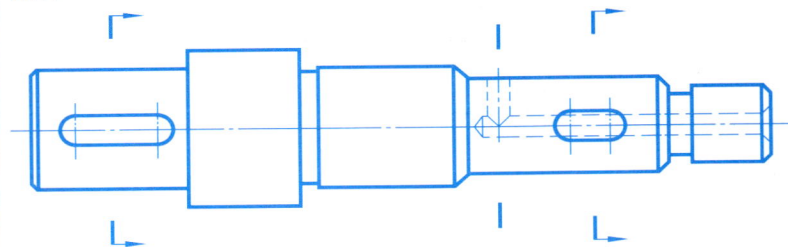

3-3 断面图

3-3-3 画出移出断面图

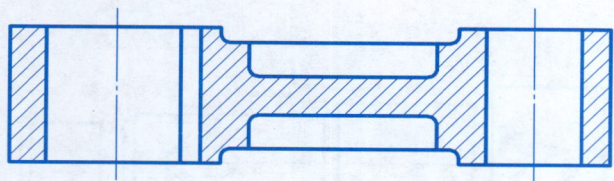

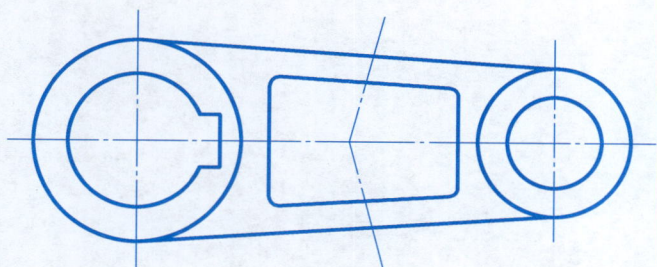

3-3-4 画出重合断面图（注意标注）

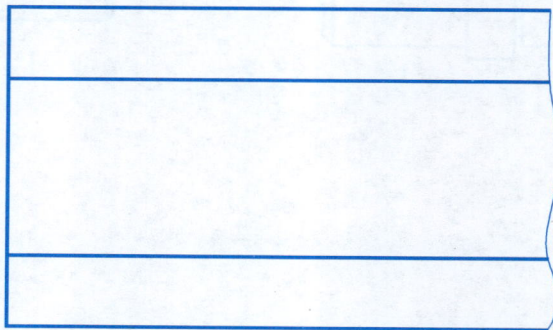

班级：_____ 姓名：_____ 学号：_____

项目四　标准件和常用件

4-1　螺纹

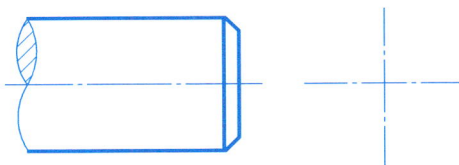

4-1-1　画外螺纹，螺纹规格 M20，螺纹长度 25	4-1-2　画内螺纹，螺纹规格 M20，通孔
4-1-3　内螺纹，不通孔，螺纹规格 M20，钻孔深度为 30mm，螺纹深度为 25mm，孔口倒角为 C1.5，画出主、左视图	4-1-4　已知螺杆规格为 M20，螺纹长度为 25，连接孔的螺纹深度为 25，钻孔深度为 30（不通孔），旋合长度为 20，完成内外螺纹连接的剖视图

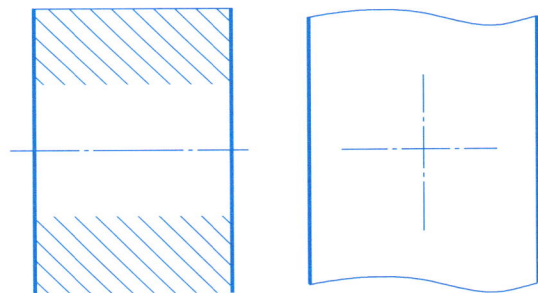

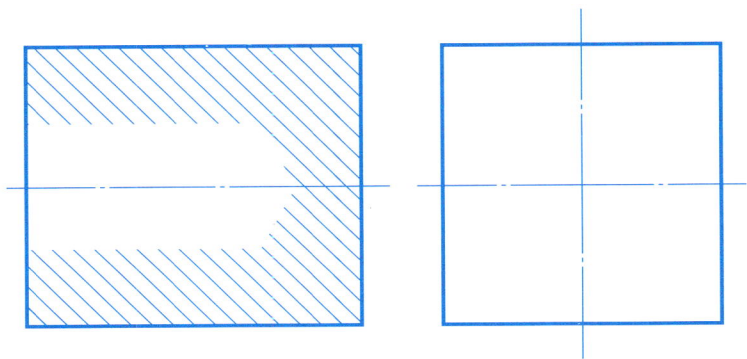

4-1　螺纹

4-1-5　查教材附录表 1、2，填写下列内容

螺纹标记	螺纹种类	公称直径	螺距	旋向	旋合长度	用公差带或公差等级	
						中径	顶径
M16—5g6g							
M20×2—6H—L							
M24—LH（外螺纹）							
G1A						/	/
$R_1$1/2						/	/
R_C1—LH						/	/

4-1-6　查教材附录表 1、2，标注下列螺纹，并写出规定标记

(1) 普通粗牙外螺纹，公称直径 24mm，单线，右旋，中径、顶径公差带代号 6g，中等旋合长度。	(2) 梯形螺纹，大径直径 24mm，螺距 5mm，双线，右旋，中径公差带代号 7e，长旋合长度。	(3) 普通螺纹，公称直径 24mm，螺距 2mm，单线，左旋，中径、顶径公差带代号分别为 6H，中等旋合长度。

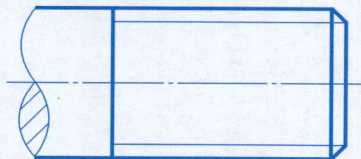

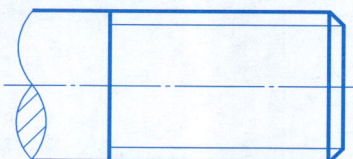

班级：_____　姓名：_____　学号：_____

4-2　螺纹紧固件标记及画法

4-2-1　查表确定下列螺纹紧固件尺寸，并写出标记

（1）C级六角头螺栓（G3/T 5780—2016）

M10

50

标记_____

（2）双头螺柱 GB/T 900、B 型

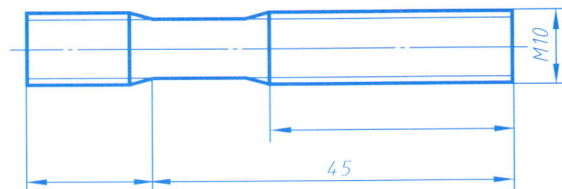

M10

45

标记_____

（3）C级六角螺母（GB/T 41—2016）

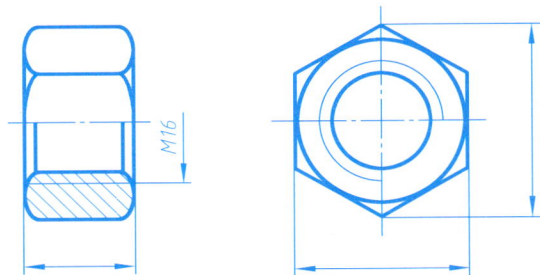

M16

标记_____

（4）开槽圆柱头螺钉（GB/T 65—2016）

M10

35

标记_____

4-2　螺纹紧固件标记及画法

4-2-2　用查表法画出指定的螺纹紧固件的两个视图，并标注尺寸	
（1）六角头螺栓 A 级 GB/T 5780　M12×45	（2）双头螺柱 GB/T 897　M10×25，B 型
（3）螺钉 GB/T 65　M10×40	（4）平垫圈 A 级 GB/T 97.1　10

· 62 ·　　　　　　　　　班级：_____　姓名：_____　学号：_____

4-2-3　已知两零件有直径为 11mm 的孔，用 GB/T 5780　M10 螺栓连接，完成螺栓连接的画法

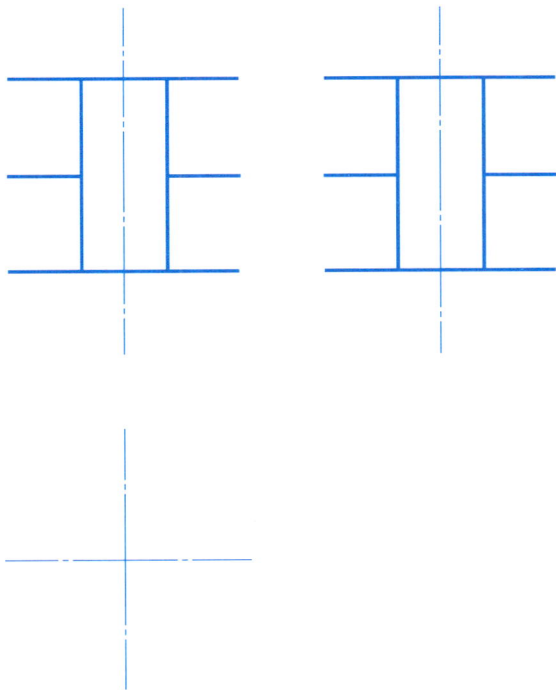

4-2-4　已知两零件有直径为 18mm 的孔，用 GB/T 897　M16 双头螺柱连接，完成双头螺柱连接的画法

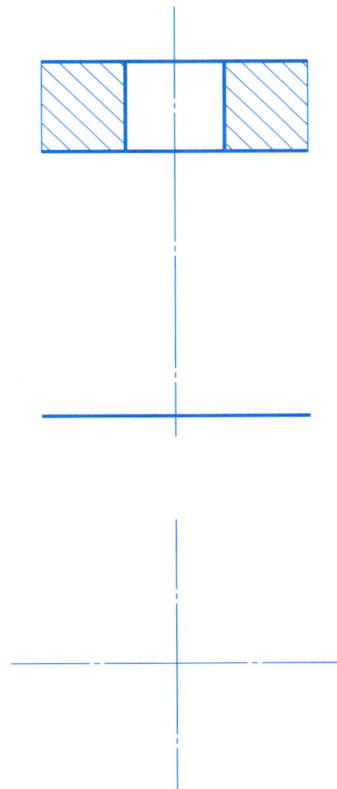

4-3-1　已知一直齿圆柱齿轮，$m=2$，$z=20$，试按剖视图规定画法画全齿轮的两个视图

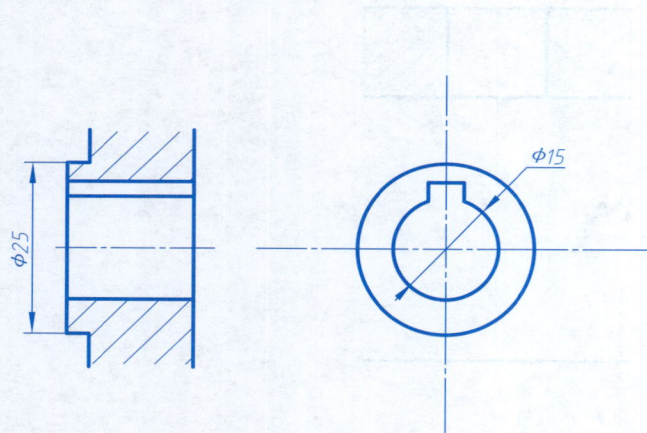

4-3-2　已知一对直齿圆柱齿轮啮合，$m=2$，$z_1=z_2=14$，试按剖视图画法画两齿轮啮合的两个视图

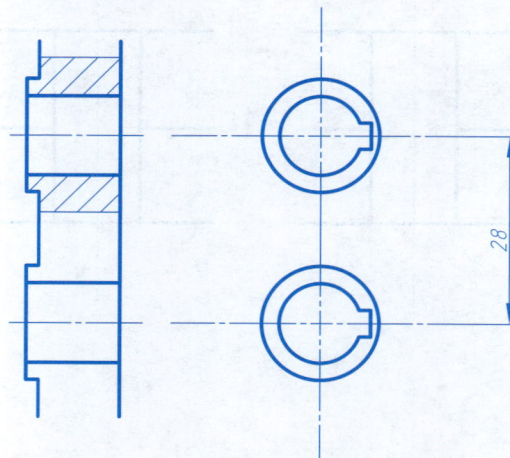

班级：＿＿＿＿＿　姓名：＿＿＿＿＿　学号：＿＿＿＿＿

4-4-1　根据已知轴尺寸，通过查教材附表 9，画出轴的断面图 A—A，并注全键槽的尺寸

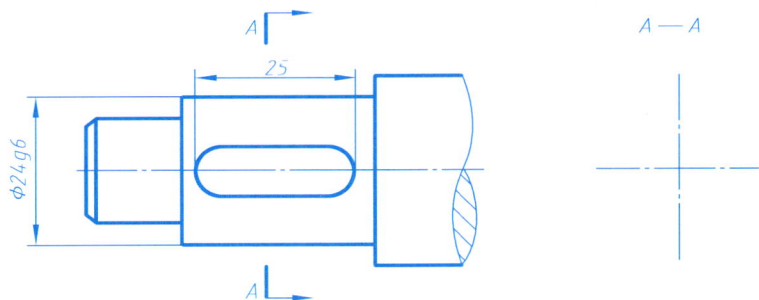

4-4-2　根据所给销的型号，查教材附表 10，画出圆柱销并标注尺寸。圆柱销 GB/T 119.1　10×50

4-4-3　根据所给销的型号，查教材附表 11，确定并标注圆锥销尺寸圆锥销（A 型，GB/T 117　10×50）

4-4-4　解释下列滚动轴承的含义

代号	轴承类型	内径
6206		
30308		
51312		

4-4-5　查表并用指定的画法画出滚动轴承，并在图上标注尺寸

（1）深沟球轴承 6206，特征画法	（2）深沟球轴承 6204；规定画法
（3）圆锥滚子轴承 30204，特征画法	（4）圆锥滚子轴承 30204，规定画法

班级：_____　姓名：_____　学号：_____

4-4-5　查表并用指定的画法画出滚动轴承，并在图上标注尺寸

（5）推力球轴承 51306，特征画法

（6）推力球轴承 51306，规定画法

4-4-6　已知圆柱螺旋弹簧的 $D=40$，$d=5$，$t=10$，$n=6$ 圈，$n_2=2.5$，右旋，作出它的剖视图，并标注尺寸

4-4-7 已知轴直径为 20mm，用 A 型普通平键连接轴和齿轮

（1）查教材附表 9 确定键和键槽尺寸，按 1：1 画出轴和齿轮中键槽的图形，并标注键槽尺寸

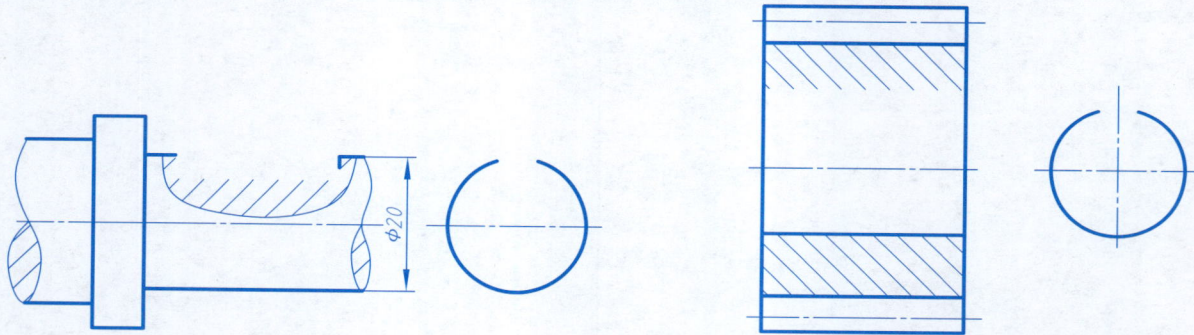

$\phi 20$

（2）画出用键连接轴和齿轮的连接图

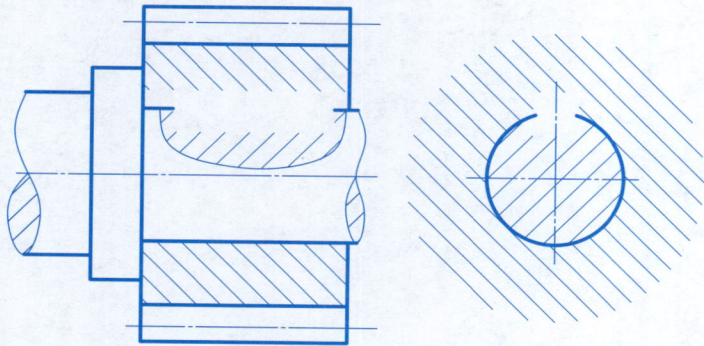

班级：_____ 姓名：_____ 学号：_____

项目五　绘制与识读零件图

5-1　零件图的绘制

5-1-1　零件图的基础知识

1. 一张完整的零件图一般应包括＿＿＿＿＿＿、＿＿＿＿＿＿＿＿、＿＿＿＿＿＿＿＿、＿＿＿＿＿＿＿＿等内容。

2. 主视图是一组图形的核心。在选择主视图时，一般应从＿＿＿＿＿＿、＿＿＿＿＿＿、＿＿＿＿＿＿三方面综合考虑。主视图的选择应尽量多地反映出零件各组成部分的＿＿＿＿＿＿＿＿及＿＿＿＿＿＿。＿＿＿＿＿＿＿＿是选择主视图一般性原则。

3. 尺寸基准一般分为＿＿＿＿＿＿和＿＿＿＿＿＿两类。选择尺寸基准的原则：尽可能使设计基准与＿＿＿＿＿＿一致，以减少两个基准不重合引起的＿＿＿＿＿＿。当设计基准与工艺基准不一致时，应以保证＿＿＿＿＿＿为主，将＿＿＿＿＿＿从设计基准注出，次要基准从＿＿＿＿＿＿＿＿注出，以便＿＿＿＿＿＿＿＿。

4. 结构上的重要尺寸必须＿＿＿＿，重要的尺寸主要是指直接影响零件在机器中的＿＿＿＿＿＿和＿＿＿＿＿＿的尺寸。常见的如零件间的＿＿＿＿＿＿＿＿、＿＿＿＿＿＿、＿＿＿＿＿＿等。

5. 光孔、锪孔、沉孔和螺孔等是零件图上常见的结构，它们的尺寸标注分为＿＿＿＿＿＿和＿＿＿＿＿＿。

6. 表面粗糙度是在微观上评定零件表面质量的一项重要技术指标，一般情况下零件上凡是有配合要求或有相对运动的表面，表面粗糙度参数值均＿＿＿＿＿＿。表面粗糙度参数值越小，表面质量＿＿＿＿，加工成本也＿＿＿＿，因此，在满足使用要求的前提下，应尽量选用＿＿＿＿的表面粗糙度参数值，以降低成本。

7. 我国机械图样中目前最常用的评定参数为轮廓参数（R 轮廓）的两个高度参数＿＿＿＿和＿＿＿＿。

8. 极限偏差可以是＿＿＿＿，也可以是＿＿＿＿或＿＿＿＿。公差是一个没有符号的绝对值，恒为＿＿＿＿。

9. 基本偏差系国家标准规定的用以确定公差带相对于零线位置的上极限偏差或下极限偏差，一般为靠近＿＿＿＿的偏差。孔与轴的基本偏差系列中分别规定了＿＿＿＿个基本偏差，其代号用拉丁字母（一个或两个）按顺序表示，大写字母表示＿＿＿＿的基本偏差代号，小写字母表示＿＿＿＿的基本偏差代号。

10. 国家标准将配合分为＿＿＿＿＿＿、＿＿＿＿＿＿、＿＿＿＿＿＿三类。配合的基准制包括＿＿＿＿＿＿与＿＿＿＿＿＿。为取得较好的经济性和工艺性，在机械制造中优先采用＿＿＿＿＿＿（轴比孔容易加工）。

5-1 零件图的绘制

5-1-2 判断零件图的尺寸标注正、误。在错误的地方画"×"

（1）

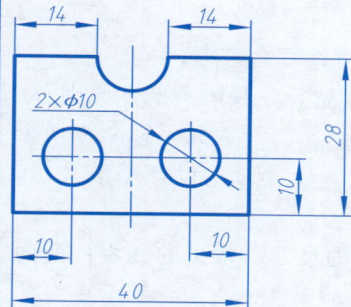

（正确、错误）

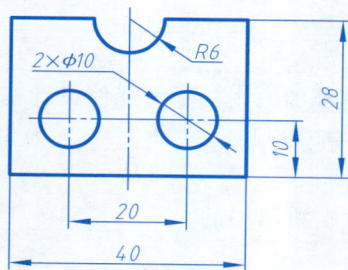

（正确、错误）

（2）

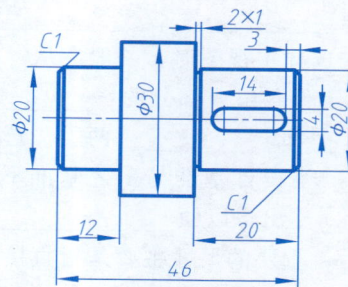

（正确、错误）

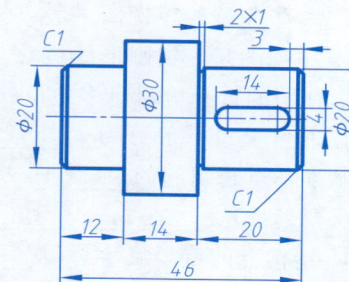

（正确、错误）

（3）

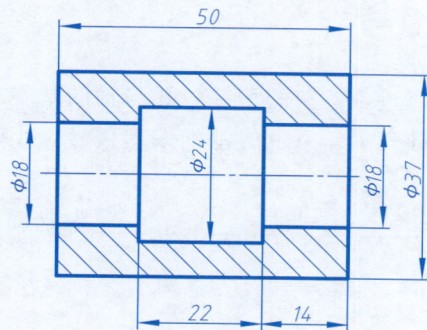

（正确、错误）

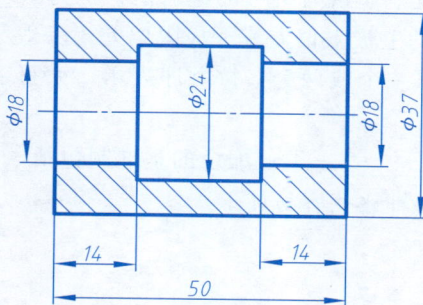

（正确、错误）

（4）

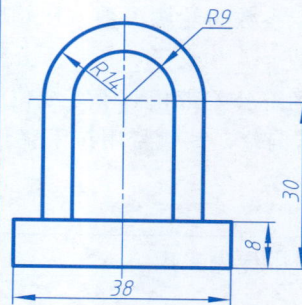

（正确、错误）

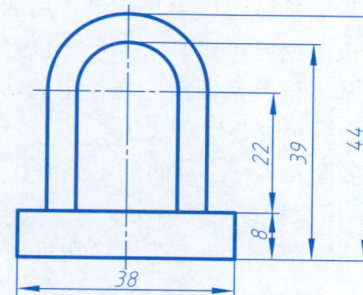

（正确、错误）

班级：_____ 姓名：_____ 学号：_____

5-1-3 根据尺寸标注的要求，选择基准，标注角架零件完整尺寸（尺寸从图中量取）

$A—A$

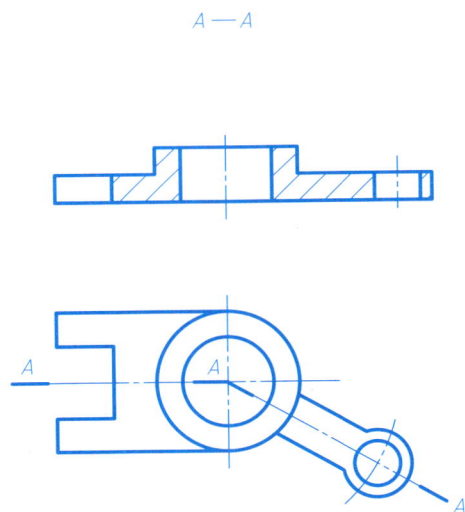

5-1-4 看图读尺寸，填空

1. 圆筒的定形尺寸为_____、_____和_____。底板的定形尺寸为_____、_____和_____。支架的底面是_____方向的尺寸基准。

2. 圆筒 $\phi10$ 孔的轴线是_____方向的尺寸基准。后支板和底板的后面是共面的，这个面是_____方向的尺寸基准。圆筒的高度方向定位尺寸是_____。宽度方向定位尺寸是_____；长度方向定位尺寸是_____。底板上长腰圆孔的定形尺寸是_____和_____；定位尺寸是_____和_____。

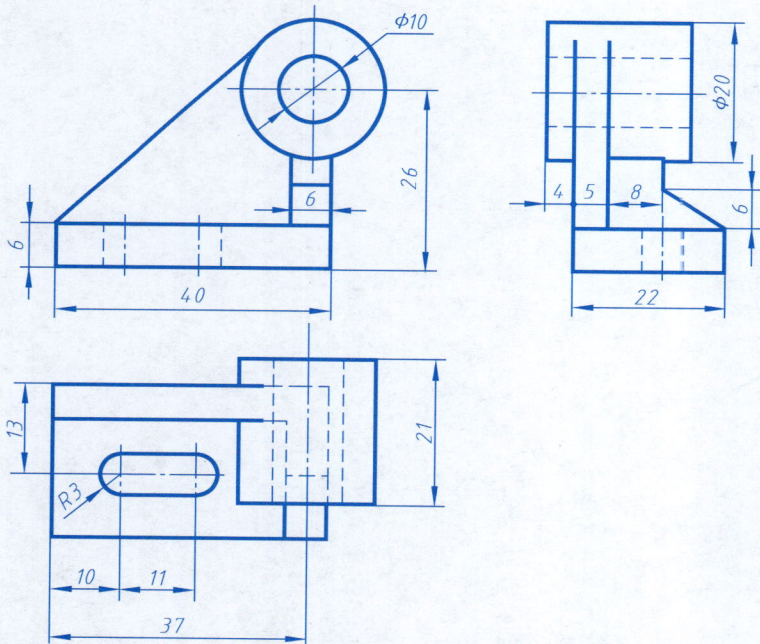

班级：_____ 姓名：_____ 学号：_____

将指定的表面粗糙度用代号标注在图上

（1）

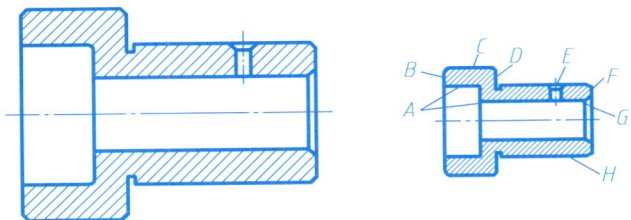

表面代号	A、C、D、H	E	G	其余面
表面粗糙度参数 $Ra/\mu m$	3.2	0.4	12.5	25

（2）

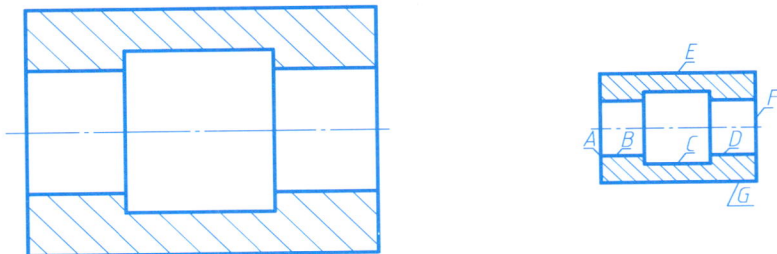

表面代号	B、C、D	A、G	其余
$Ra/\mu m$	1.6	6.3	25

5-3-1 查表填空

(1) $\phi 60^{-0.030}_{-0.060}$，公称直径为 _____，上极限偏差为 _____，下极限偏差为 _____，上极限尺寸为 _____，下极限尺寸为 _____。

(2) $\phi 60K7$，公称直径为 _____，上极限偏差为 _____，下极限偏差为 _____，上极限尺寸为 _____，下极限尺寸为 _____。

(3) $\phi 60h8$，公称直径为 _____，上极限偏差为 _____，下极限偏差为 _____，上极限尺寸为 _____，下极限尺寸为 _____。

(4) $\phi 60K7/h8$，表示公称直径为 $\phi 60$ 的孔和轴配合，孔的基本偏差代号为 _____，公差等级为 _____。轴的基本偏差代号为 _____，公差等级为 _____。说明配合 $\phi 60K7/h8$ 是 _____ 制，_____ 配合。画出配合公差带图。

5-3-2 在相应的零件图上注出公称尺寸，公差代号和偏差数值，并画出公差带图

(1) 已知轴的基本偏差代号为 h，公差等级为 IT7。

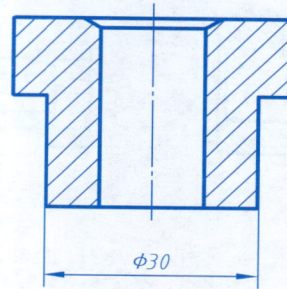

(2) 孔的基本偏差代号为 F，公差等级为 IT8。

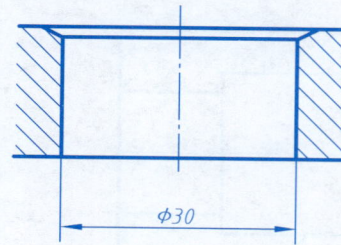

班级：_____ 姓名：_____ 学号：_____

5-4-1　将下面文字说明的内容，标注在图上

（1）D 圆柱面的圆柱度公差为 0.007；

（2）F 圆柱面对 ϕ30h6 圆柱 E 轴线的圆跳动公差为 0.02；

（3）F 面对 ϕ30h6 圆柱 E 轴线的垂直度为 0.025。

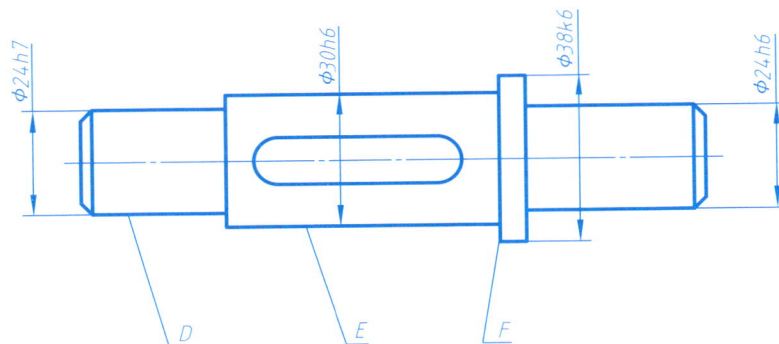

5-4-2 将下面文字说明的内容，标注在图上

(1) D 面对 $\phi 40$ 轴线的垂直度公差为 0.025；

(2) E 面对 $\phi 40$ 轴线的垂直度公差为 0.03；

(3) $\phi 35$ 轴线对 $\phi 40$ 轴线的同轴度公差为 $\phi 0.12$。

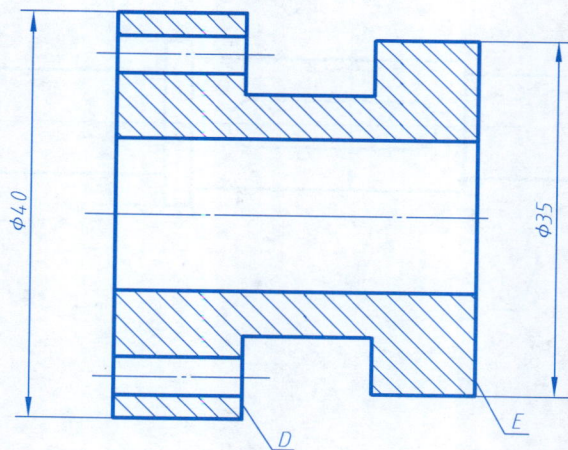

班级：_____ 姓名：_____ 学号：_____

5-4-3 解释图上标注内容

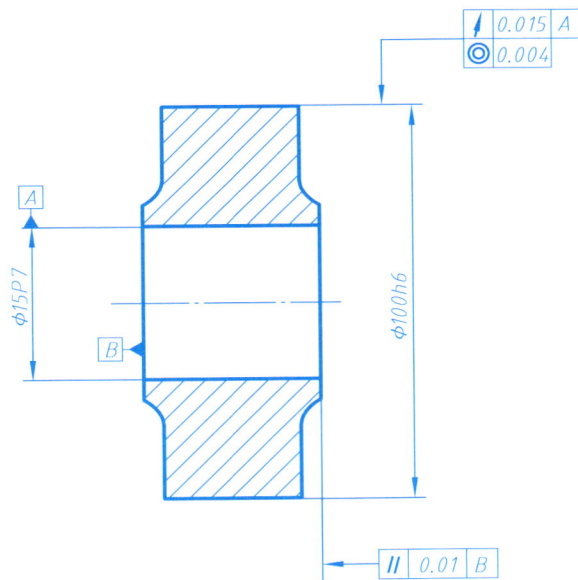

(1) _____ ;

(2) _____ ;

(3) _____ 。

5-5-1　读轴零件图回答下列问题

1. 零件用了_____个图形来表达。本图用的画图比例为_____、数量为_____。

2. 零件 $\phi20$ 这段的长度为_____，圆柱面表面粗糙度为_____。该零件_____表面的表面粗糙度要求最高，其 Ra 值是_____。

3. 轴上的砂轮越程槽，其深为_____、宽为_____。

4. 零件的_____端为轴向尺寸的主要基准，_____为径向尺寸的主要基准。

5. $\phi44$ 的左端面的几何公差的基准要素是_____；公差项目为_____，公差值为_____。

6. 查表确定键槽尺寸，画 $B—B$ 和 $C—C$ 处的断面图。

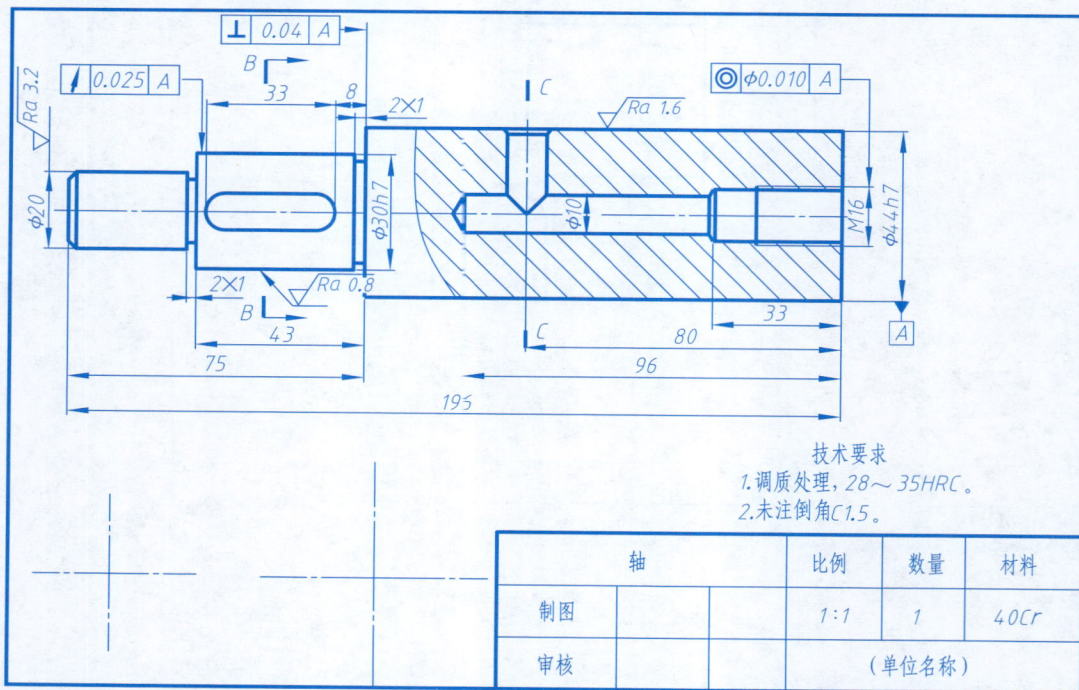

技术要求
1. 调质处理，28～35HRC。
2. 未注倒角C1.5。

	轴		比例	数量	材料
制图			1:1	1	40Cr
审核		（单位名称）			

班级：_____　姓名：_____　学号：_____

5-5 读零件图

5-5-2　读轴零件图回答下列问题

1. 轴上 $\phi 20 \pm 0.01$ 的这段长度为_____，表面粗糙度为_____ μm。

2. 轴上 B 处中间平键的长度为_____，宽度为_____，深度为_____（查表）。

3. $\phi 30h8$ 的含义是：公称尺寸为_____基本偏差为_____，上极限偏差为_____，公差为_____。

4. $\boxed{\swarrow}\boxed{0.025}\boxed{A}$ 表示：公差项目为_____，基准是_____，公差值为_____。

5. 查表确定键槽尺寸，画 $B-B$ 和 $C-C$ 处的断面图，并标注尺寸。

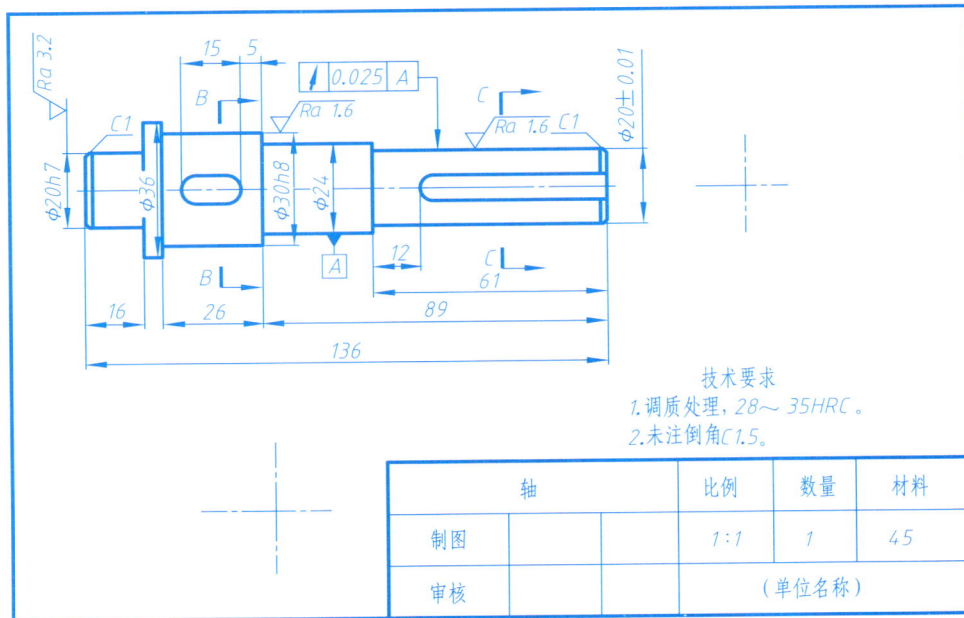

技术要求
1.调质处理，28～35HRC。
2.未注倒角C1.5。

轴			比例	数量	材料
制图			1:1	1	45
审核			（单位名称）		

5-5-3 读法兰盘零件图回答下列问题

1. 法兰盘零件属于_____类零件。

2. 该零件图采用_____个基本视图表达零件的结构和形状，主视图采用_____视图，反映法兰盘内孔结构和形状。

3. 该法兰盘表面粗糙度要求的最高 Ra 值为_____ μm。未注表面粗糙度值 Ra 值为_____ μm。

4. 查表求 $\phi 55g6$ 的最小极限偏差值：_____。查表求 $\phi 32H9$ 的最大极限偏差值：_____。

5. 说明图中几何公差代号的含义：⊥ 0.06 A。

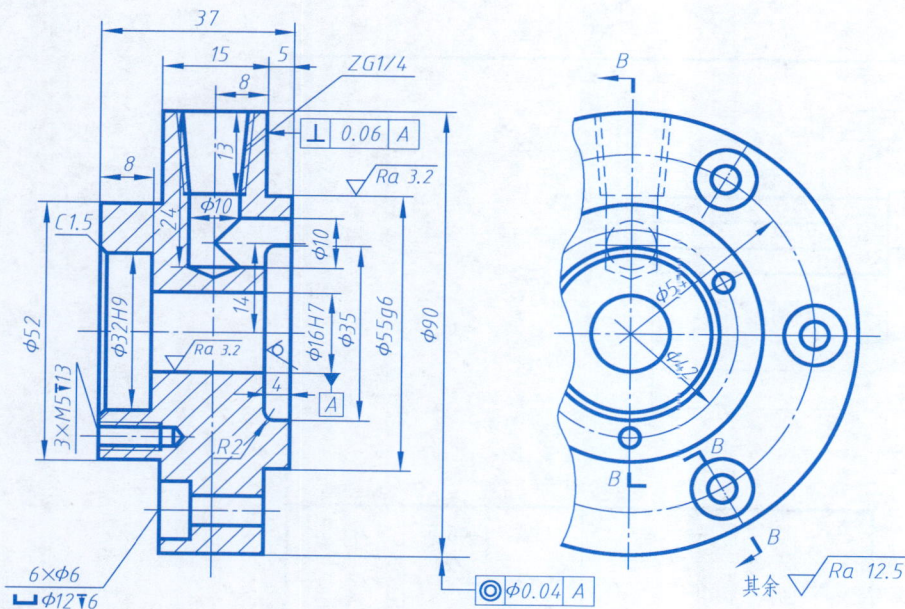

班级：_____ 姓名：_____ 学号：_____

项目六　绘制与识读装配图

6-1　绘制装配图

6-1-1　基础知识

1. 完整的装配图应具有_____、_____、_____、_____、_____等内容。

2. 装配图用来表达装配体的_____、_____、_____、_____和_____等的一组视图。

3. 在装配图中，明细表是用来说明装配图中全部零件的详细情况，包括零件的_____、_____、_____、_____、_____等内容。

4. 在装配图中，两相邻零件的接触面和配合面只画_____，非接触、非配合面不论间隙大小都必须画出_____。剖切平面通过实心零件和标准件的轴线时按_____绘制，剖切平面沿垂直于这些零件的轴线方向剖切时，按_____绘制。

5. 在同一装配图中，同一零件在各个视图上的剖面线的倾斜方向和间隔必须_____。相邻两零件的剖面线的倾斜方向应_____或者_____。

6. 对于装配图中若干相同的零件组可仅详细地画出_____，其余的零件组只需以_____表示中心位置。滚动轴承可按国家标准规定的_____画出，在同一轴上相同型号的轴承，在不致引起误解时可只完整地_____。钻孔深度可省略绘制。

7. 装配图的特殊画法有：_____、_____、_____、_____。

8. 装配图一般需要标注_____、_____、_____、_____、_____等尺寸。

9. 装配图中的每种零部件（包括标准件）只编一个序号。装配图零部件序号应与_____中的序号相一致。序号应按_____时针或时针顺序在视图的周围编写，并沿_____和_____方向按顺序排列整齐，以便于查找。指引线不要与轮廓线或剖面线等图形_____，指引线之间不允许_____。但直引线允许_____。在指引线附近注写序号，序号数字比装配图的尺寸数字大一号或两号。同一装配图中编注序号的形式应_____．对紧固件组或装配关系清楚的零部件组允许采用_____。

10. 选择较全面反映_____、_____及_____的方向作为主视图，主视图多采用_____，以表达部件的内部结构。为了进一步准确、完整、简便地表达各零件间的结构形状及装配关系，需选用合适的其他视图，补充表达主视图上没有表达出来或者没有表达清楚而又必须表达的内容。装配体上的每种零件_____。

6-1-2 根据千斤顶的零件图，参照装配示意图和轴测图，用 A3 图纸画出千斤顶的装配图（比例自定）

（1）千斤顶装配示意图

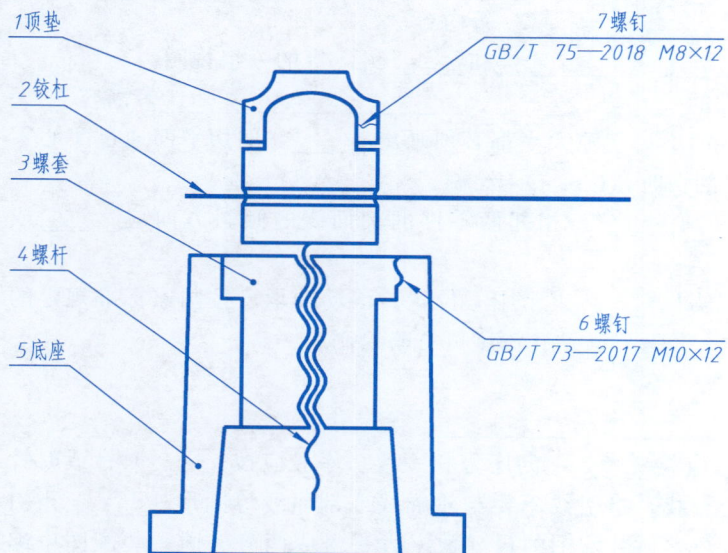

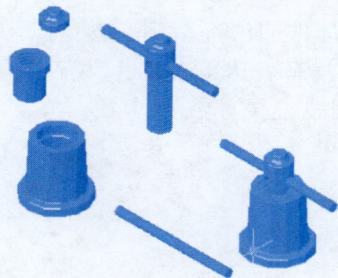

1 顶垫

7 螺钉
GB/T 75—2018 M8×12

2 铰杠

3 螺套

4 螺杆

6 螺钉
GB/T 73—2017 M10×12

5 底座

（2）顶垫零件图

$\phi30$

R12

C1.5

SR25

M8

8

21

25

40

$\phi40$

$\phi60$

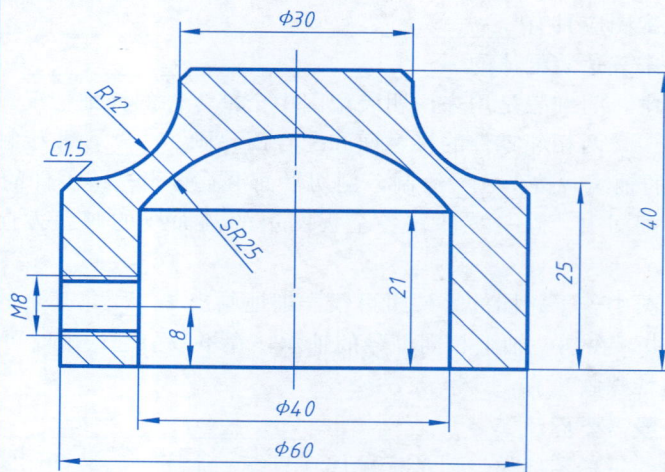

名称	顶垫	序号	1
数量	1	材料	Q345

班级：_____ 姓名：_____ 学号：_____

6-1　绘制装配图

6-1-2　根据千斤顶的零件图，参照装配示意图和轴测图，用 A3 图纸画出千斤顶的装配图（比例自定）

（3）螺套零件图

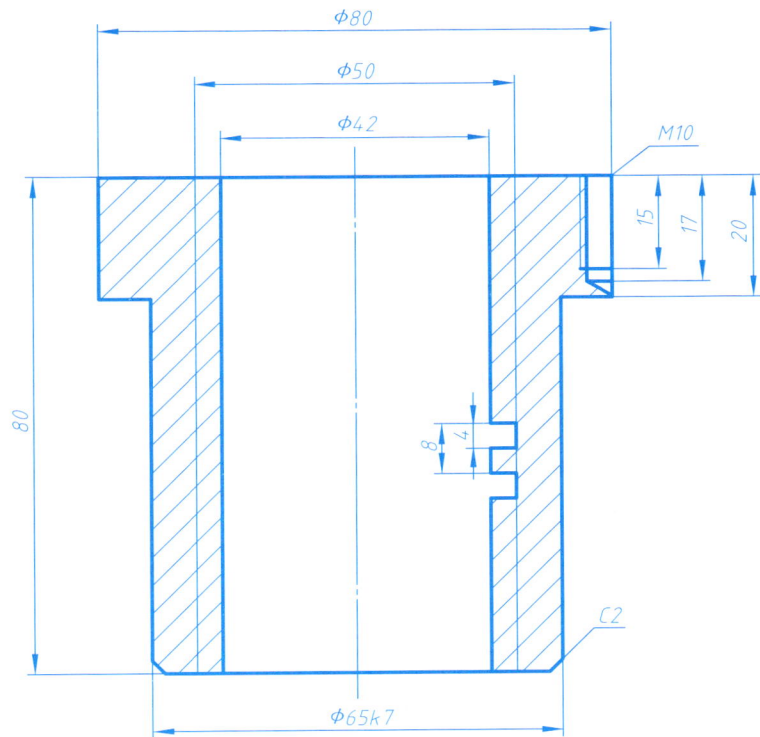

φ80
φ50
φ42
M10
15
17
20
80
8
4
φ65k7
C2

名称	螺套	序号	3
数量	1	材料	45

（4）铰杠零件图

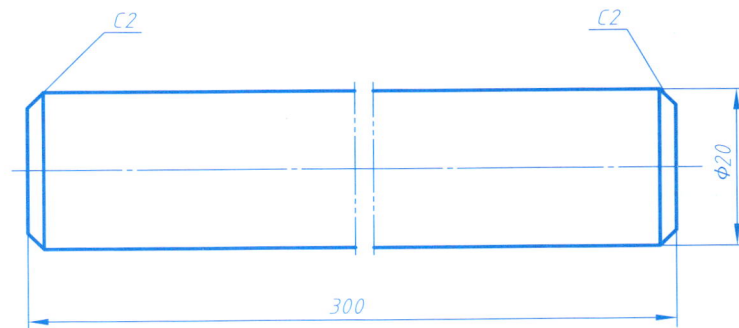

C2
C2
φ20
300

名称	铰杠	序号	2
数量	1	材料	45

6-1-2　根据千斤顶的零件图，参照装配示意图和轴测图，用 A3 图纸画出千斤顶的装配图（比例自定）

（5）螺杆零件图

$\phi40$
$\phi25$
7.7
17
$\phi35$
$\phi40$
$\phi22$
45
$\phi60$
10
$\phi40$
206
138
4
8
$\phi42$
$\phi50$

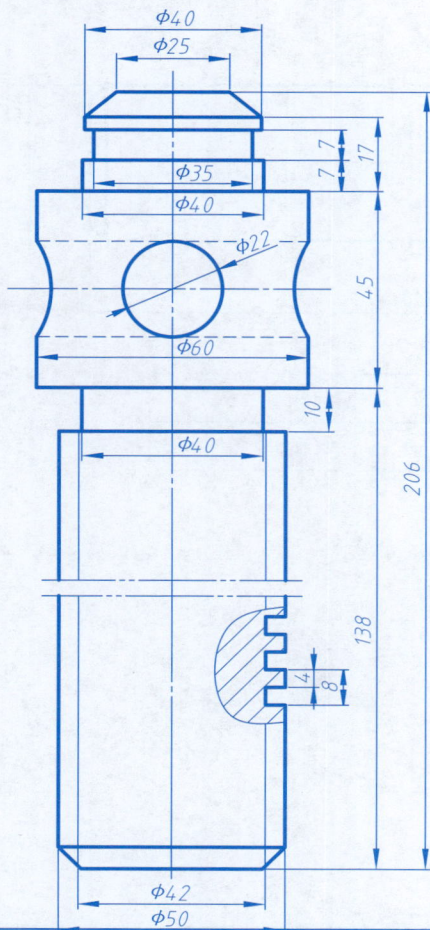

名称	螺杆	序号	4
数量	1	材料	45

（6）底座零件图

$\phi110$
$\phi80$
M10
R5
20
17
15
$\phi65$
$\phi80$
140
60
R5
20
$\phi86$
$\phi120$
$\phi150$

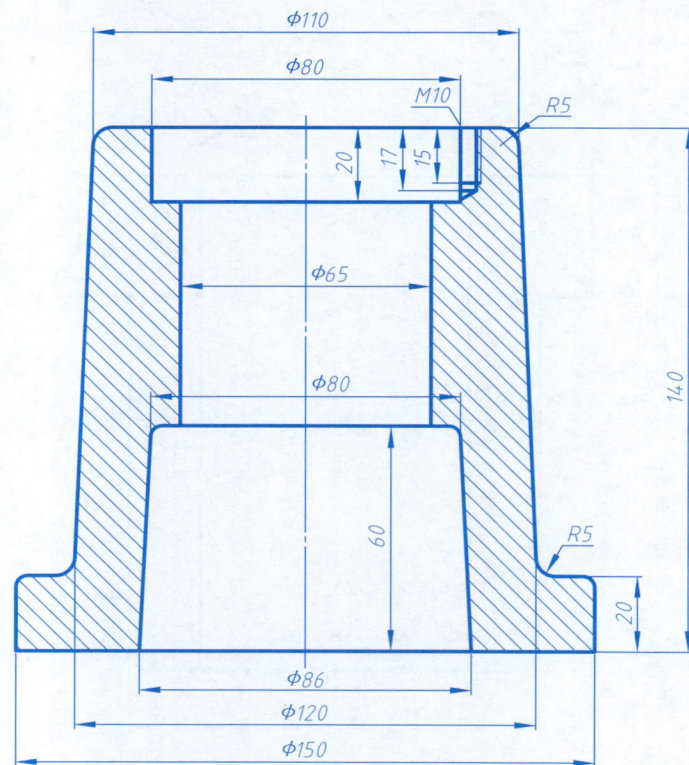

名称	底座	序号	5
数量	1	材料	HT200

未注圆角R3

班级：＿＿＿＿＿　姓名：＿＿＿＿＿　学号：＿＿＿＿＿

6-1 绘制装配图

6-1-3 根据钻模的零件图，参照装配示意图，用 A3 图纸画出钻模的装配图（比例自定）

（1）钻模装配示意图

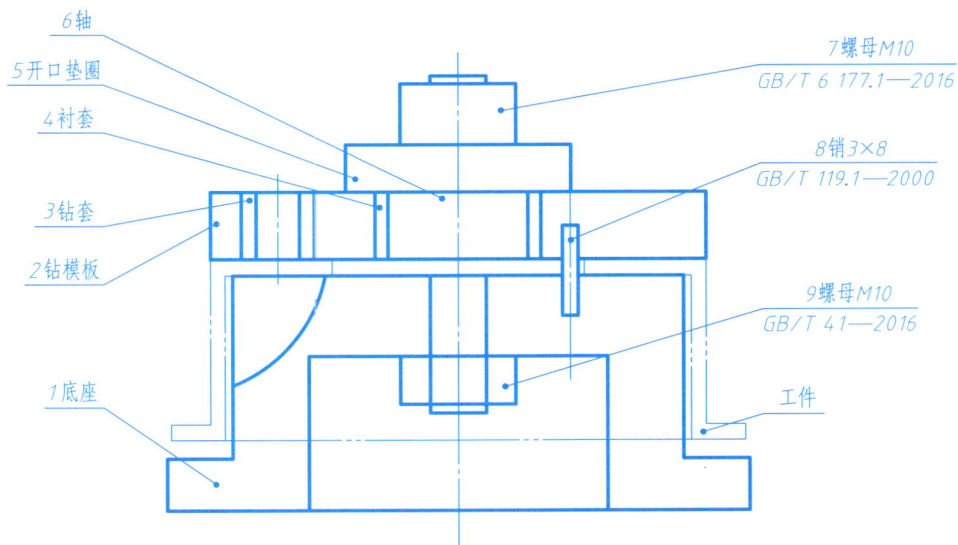

6 轴
5 开口垫圈
4 衬套
3 钻套
2 钻模板
1 底座

7 螺母 M10
GB/T 6 177.1—2016

8 销 3×8
GB/T 119.1—2000

9 螺母 M10
GB/T 41—2016

工件

（2）底座

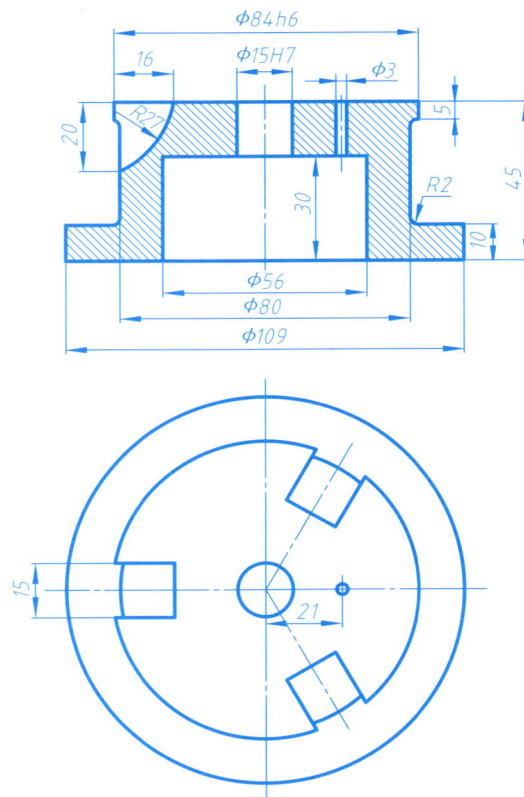

名称	底座	序号	1
数量	1	材料	HT150

班级：_____ 姓名：_____ 学号：_____

6-1-3　根据钻模的零件图，参照装配示意图，用 A3 图纸画出钻模的装配图（比例自定）

（3）钻模板

$\phi95$

$\phi31$

$\phi4$

13

$3\times\phi14H6EQS$

21

$\phi68$

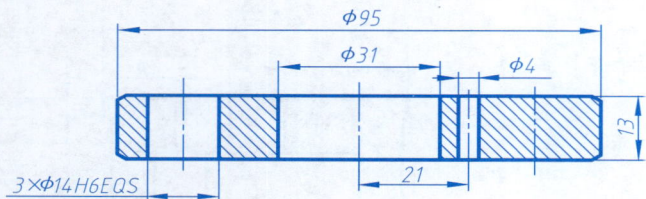

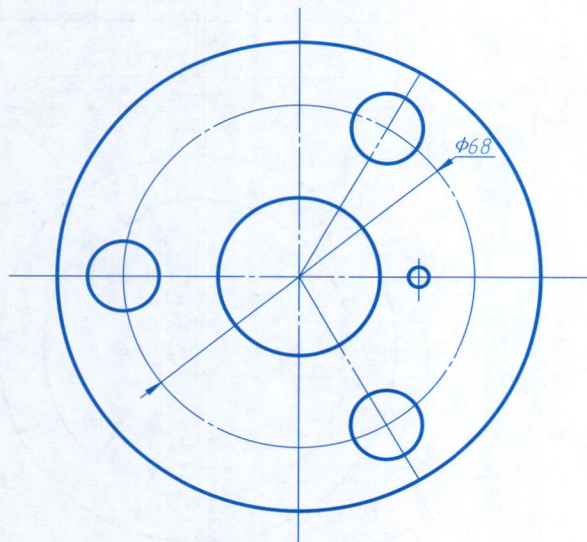

名称	钻模板	序号	2
数量	1	材料	45

（4）钻套

$\phi8$

13

$\phi14h7$

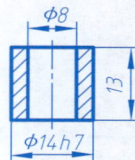

名称	钻套	序号	3
数量	3	材料	T8

（5）衬套

$\phi31$

$\phi26$

13

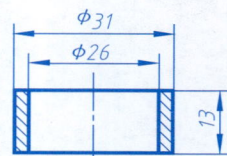

名称	衬套	序号	4
数量	1	材料	45

班级：_____　姓名：_____　学号：_____

6-1-3 根据钻模的零件图，参照装配示意图，用 A3 图纸画出钻模的装配图（比例自定）

（6）开口垫圈

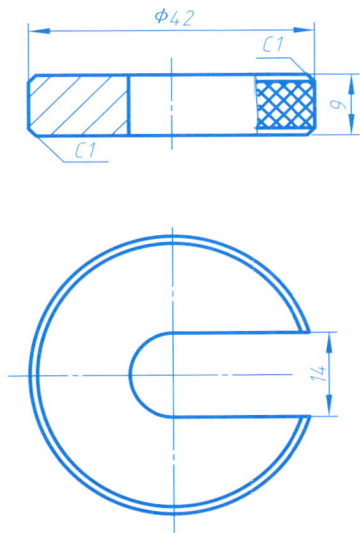

名称	开口垫圈	序号	5
数量	1	材料	45

（7）轴

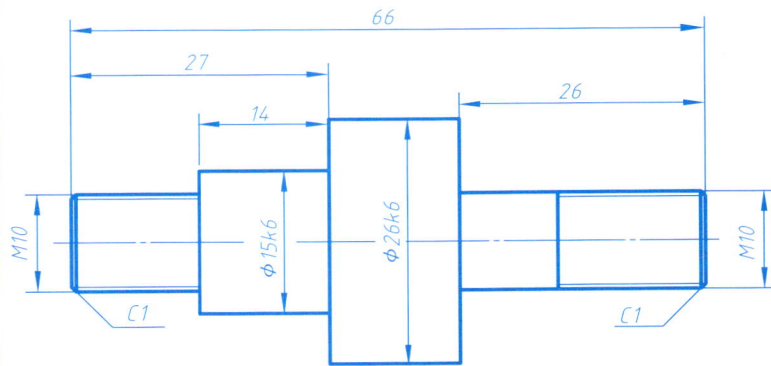

名称	轴	序号	6
数量	1	材料	45

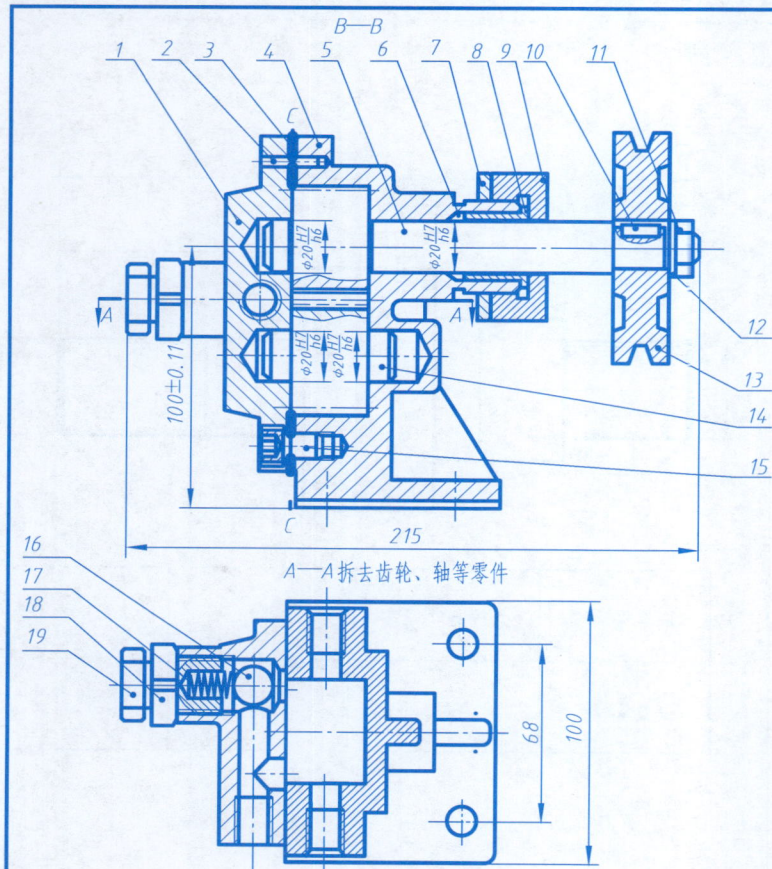

B—B

A—A拆去齿轮、轴等零件

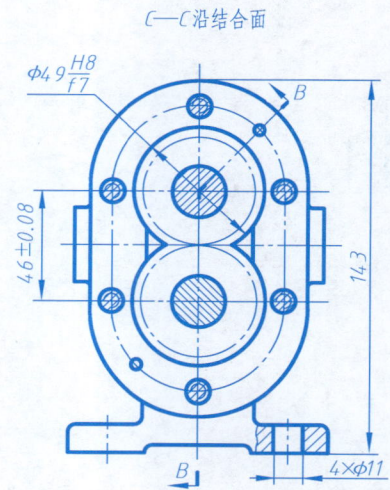

C—C沿结合面

技术要求

1. 装配后用手转动齿轮时，应均匀灵活，无卡阻现象；
2. 装配泵盖时，调整好泵体的间隙在0.08～0.15范围内；
3. 以8kgf/cm²试车时，不应有漏油现象。

19	调节螺钉	1	Q235-A	GB/T 6170-2000	7	螺母M36×1.5	1		GB/T 6170-2000
18	螺母M20×1.5	1		GB/T 6170-2000	6	填料	若干	石棉	
17	弹簧	1	65Mn		5	主动齿轮轴	1	45	
16	阀球	1	Q235-A		4	泵体	1	HT200	
15	内六角圆柱头螺钉	6		GB/T 70.1-2008	3	垫片	1	橡胶垫片	
14	从动齿轮轴	1	45		2	销A4×22	2		GB/T 119.1-2000
13	带轮	1	HT200		1	泵盖	1	HT200	
12	垫圈	1		GB/T 97.1-2002	序号	零件名称	数量	材料	备注
11	盖形螺母	1	Q235			齿轮油泵		比例 重量	共 张 图号
10	键6×14	1		GB/T 1096-2003					第 张
9	压盖螺母	1	Q235		制图		(日期)		(单位名称)
8	压盖	1	Q235		校核		(日期)		

班级：＿＿＿＿　姓名：＿＿＿＿　学号：＿＿＿＿

1. 该装配图名称＿＿＿＿＿＿＿装配图。主视图采用的是＿＿＿＿＿剖视图，俯视图采用的是＿＿＿＿＿画法，左视图采用的是＿＿＿＿＿＿画法。

2. 齿轮油泵共有＿＿＿＿＿＿种零件，其中＿＿＿＿＿＿种标准件，＿＿＿＿＿＿种非标准件。

3. $\phi20H7/h6$ 的含义：$\phi20$ 表示＿＿＿＿＿＿，7，6 表示＿＿＿＿＿＿，该配合属于＿＿＿＿＿＿制＿＿＿＿＿配合。

4. $\phi49H8/f7$ 的含义：$\phi49$ 表示＿＿＿＿＿＿，8，7 表示＿＿＿＿＿＿，该配合属于＿＿＿＿＿＿制＿＿＿＿＿配合。查表 $\phi49H8$ 的上极限偏差＿＿＿＿＿＿，下极限偏差＿＿＿＿＿＿。$\phi49f7$ 的上极限偏差＿＿＿＿＿＿，下极限偏差＿＿＿＿＿。

5. 齿轮泵在工作时，哪些零件是运动件？＿＿＿＿＿＿＿＿＿＿＿＿＿＿＿＿＿＿＿＿＿。

6. 齿轮油泵总长度＿＿＿＿＿＿，总高度＿＿＿＿＿＿，总宽度＿＿＿＿＿＿。

7. 拆画泵体零件图。

项目七 化工设备图与化工工艺图的绘制与识读

7-1 化工设备图

| 7-1-1 查表，标注下列化工设备的尺寸 |

（1）EHA DN1200×16-Q345R GB/T 25198—2010

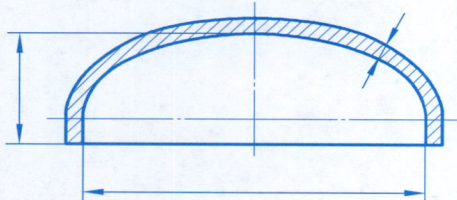

（2）法兰 DN40 PN0.6 JB/T 81—2015

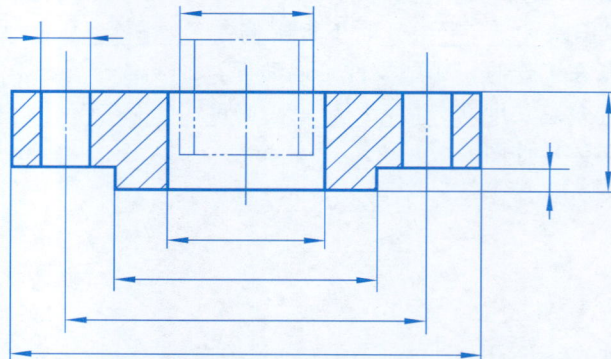

（3）补强圈 DN500×18-Q345R NB/T 11025—2022

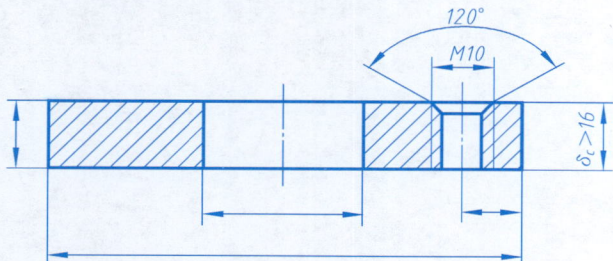

120°
M10
$\delta_c > 16$

（4）常压人孔 DN450 HG/T 21515—2014

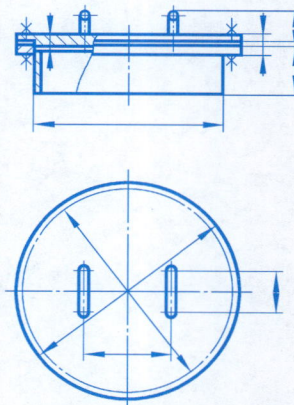

班级：_____ 姓名：_____ 学号：_____

7-1 化工设备图

7-1-2 根据示意图拼画化工设备图

作业要求：根据装配示意图结合查表所得数据拼画卧式储罐 $V=3m^3$ 的装配图并标注尺寸。使用 A3 图纸横放，绘图比例自定。

管口表

序号	公称直径	连接尺寸标准	连接面形式	用途或名称
a	50	JB/T 81—2015	凸面	进料口
b	32	JB/T 81—2015	凹面	排气口
c	G1	HG/T 20507—2000	螺纹	温度计口
d	450	HG/T 21515—2014	平面	人孔
e	25	JB/T 81—2015	凸面	排污口
f	40	JB/T 81—2015	凸面	出料口
g_{1-2}	15	JB/T 81—2015	平面	液面计口

设计数据表

规范	《压力容器安全技术监察教程》JB 4730—2005,《压力容器》GB/T 150—2024			
介质		压力容器类型		
介质特性		焊条型号		E4303
工作温度/℃	20～60	焊接规程		按 JB/T 4709 规定
工作压力/MPa	常压	焊接结构		除注明外采用全焊透结构
设计温度/℃		管法兰与接管焊接标准		按相应法兰标准
设计压力/MPa		无损探伤	焊接接头类型	方法检测率
腐蚀裕量/mm	0.5		容器	3m³
焊接接头系数	0.85			
水压试验压力/MPa	0.15			

技术要求：

1. 本设备按 GB/T 150—2024《压力容器》进行设计制造试验和验收。

2. 本设备全部采用电焊焊接，焊条型号为 E4303，焊接接头型号及尺寸按 GB/T 985—2008 规定。

3. 设备制成后，以 0.25MPa 水压试验后，再以 0.1MPa 进行气密性试验。

班级：_____ 姓名：_____ 学号：_____

· 91 ·

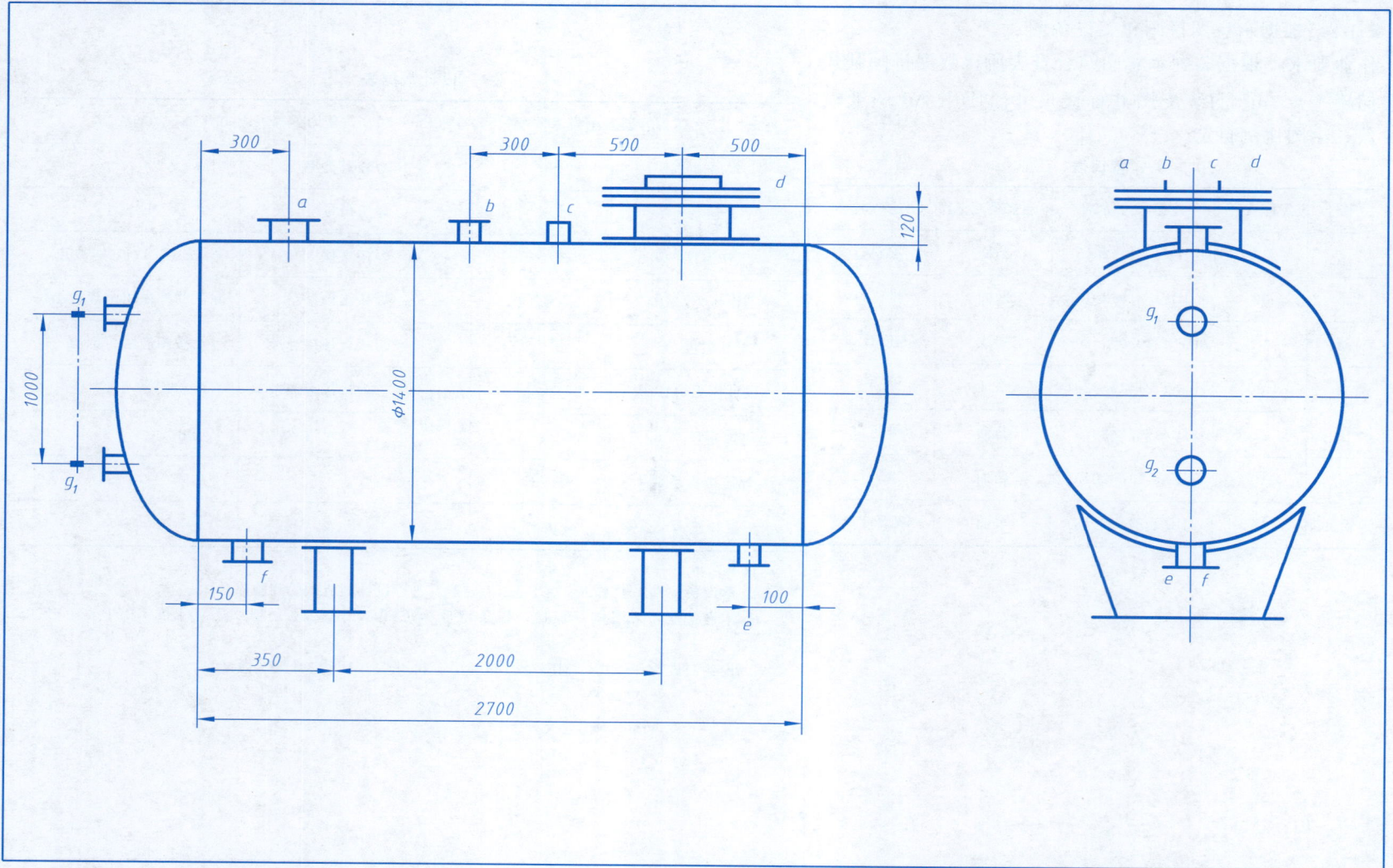

班级：_____ 姓名：_____ 学号：_____

7-2-1 阅读润滑油精制工段管道及仪表流程图，并回答问题

1. 阅读标题栏及首页图，从中了解图样名称和图形符号、代号的意义。

2. 看图中的设备，了解设备名称、位号及数量，大致了解设备的用途。

该工段共有设备_____台，自左到右分别为_____、_____、_____、_____、_____、_____、_____、_____、_____、

_____、_____、_____、_____、_____。

其中静设备_____台，动设备_____台。

3. 阅读流程图，了解主物料介质流向。

其主流程是原料油与_____介质，在_____设备内混合搅拌后，去圆筒炉加热。

原料混合前在_____设备与_____油通过热量交换进行预热。

对影响润滑油使用性能的轻质组分，在塔顶通过_____设备和_____设备抽入集油槽进行回收。

4. 看其他介质流程线，了解各种介质与主物料如何接触与分离。

白土与润滑油混合后，吸附了润滑油原料中的机械杂质、胶质、沥青质等，再通过_____设备进行分离。

5. 看动力系统流程，了解蒸汽、水、电用途。

塔底吹入_____介质，有利携带轻质馏分到塔顶，然后进入冷凝器_____。循环冷却水来自_____，然后分为_____路，其中一路去_____设备进行喷淋，有一路经过_____设备后，去_____塔。

6. 看仪表控制系统，了解各种仪表安装位置及测量和控制参量。

在往复泵出口，就地安装有_____仪表；在离心泵出口，就地安装有_____仪表。

原料油与白土混合后，进入_____设备，在设备内部和出口，通过仪表测量并控制其_____参量。

7. 通过流程图，了解开停工顺序及进行应急处理设想。

若遇到突然停电，装置受影响的动设备是_____、_____和_____。

简述停工时，设备关停顺序及阀门关闭顺序。

7-2-1　阅读润滑油精制工段管道及仪表流程图，并回答问题

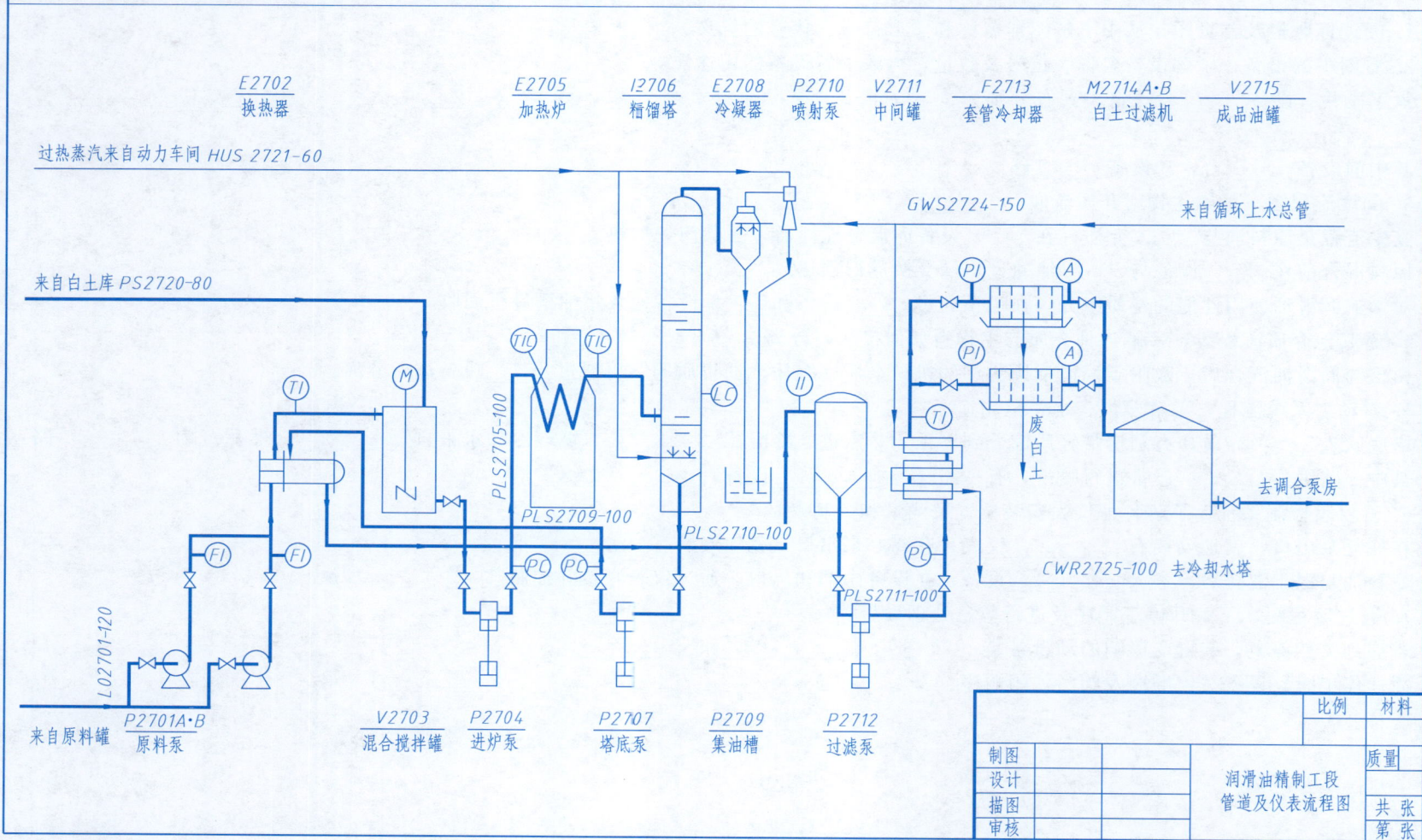

| E2702 | E2705 | I2706 | E2708 | P2710 | V2711 | F2713 | M2714A·B | V2715 |
| 换热器 | 加热炉 | 精馏塔 | 冷凝器 | 喷射泵 | 中间罐 | 套管冷却器 | 白土过滤机 | 成品油罐 |

过热蒸汽来自动力车间 HUS 2721-60

GWS2724-150　来自循环上水总管

来自白土库 PS2720-80

PLS2705-100

PLS2709-100

PLS2710-100

PLS2711-100

废白土

去调合泵房

CWR2725-100　去冷却水塔

LO2701-120

来自原料罐

| V2703 | P2704 | P2707 | P2709 | P2712 |
| 混合搅拌罐 | 进炉泵 | 塔底泵 | 集油槽 | 过滤泵 |

P2701A·B
原料泵

	比例	材料
制图		质量
设计		润滑油精制工段
描图		管道及仪表流程图
审核		共　张
		第　张

班级：_____　姓名：_____　学号：_____

7-2-2 阅读药厂纯化水制备系统设备布置图，并回答问题

1. 由标题栏可知，该图为_____设备布置图，共有_____和_____两个视图。

2. 了解建筑物的结构尺寸及定位，该图画出了厂房定位轴线，其横向轴线间距为_____，纵向间距为_____，该厂房地面标高为_____m。

3. 了解设备布置情况，图中共绘制有_____台设备，在厂房内安装有_____台设备，从左到右分别是：_____、_____、_____、_____、_____、_____、_____、_____。在厂房外地面布置了_____台设备，依次是_____、_____。

4. 看平面图可知，原水罐V0101支承点标高是_____，横向定位尺寸是_____，纵向定位尺寸是_____。臭氧发生器R0111的支承点标高是_____，横向定位尺寸是_____，纵向定位尺寸是_____。图中右上角为_____，指明了厂房和设备部的定位。

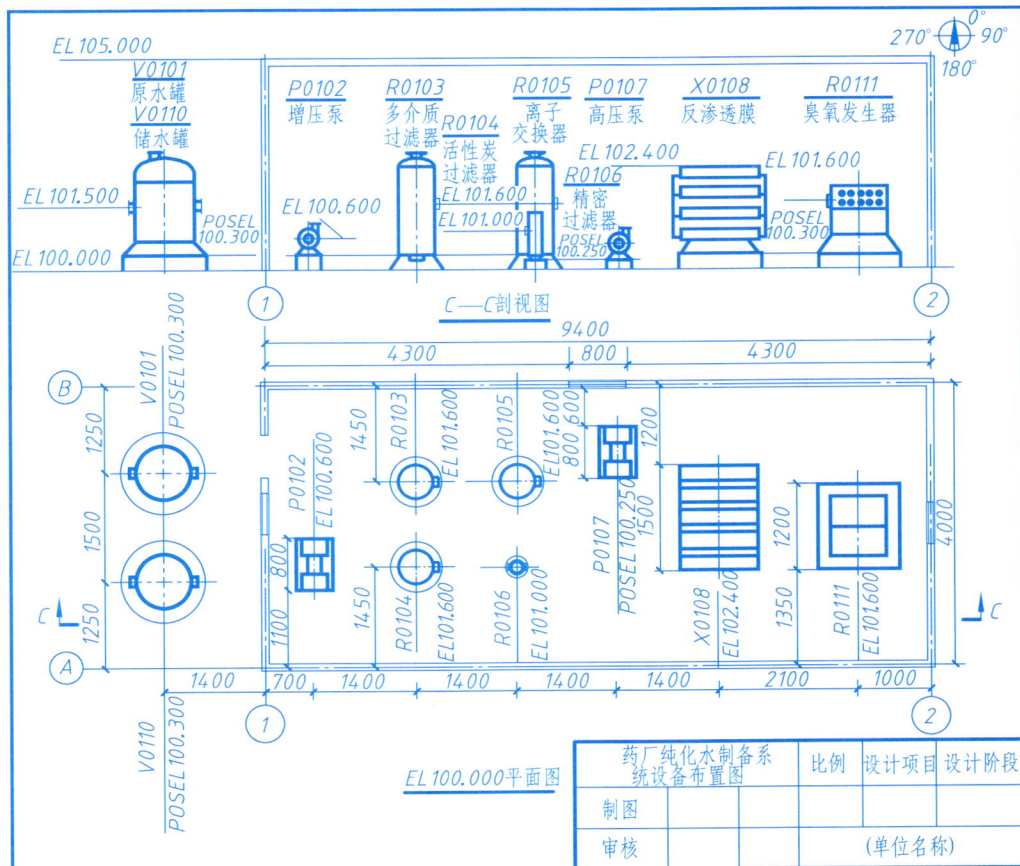

药厂纯化水制备系统设备布置图

药厂纯化水制备系统设备布置图		比例	设计项目	设计阶段
制图				
审核			(单位名称)	

7-3 管路布置图

7-3-1 已知管路的正立面和左立面图，画平面图和右立面图

（1）

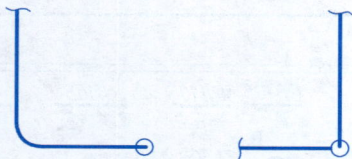

（2）

（3）

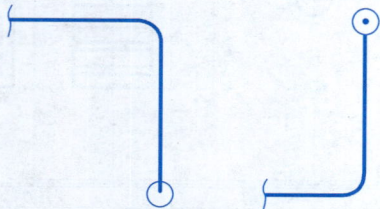

（4）

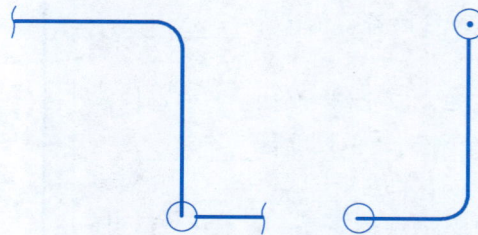

班级：_____ 姓名：_____ 学号：_____

7-3 管路布置图

7-3-1 已知管路的正立面和左立面图，画平面图和右立面图

（5）

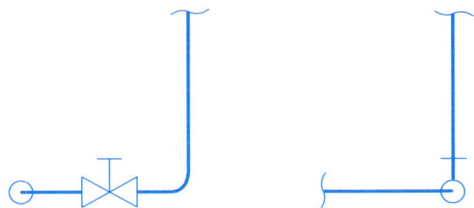

（6）

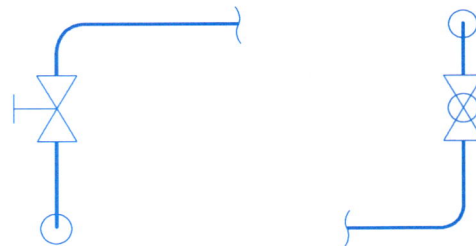

（7）

（8）

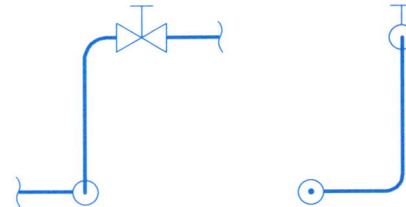

7-3-2　已知管路的轴测图，画正立面、平面图、左立面图和右立面图（管道长度在轴测图中量取）

（1）

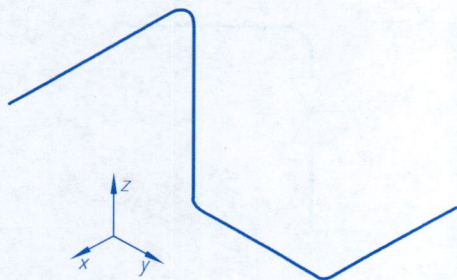

（2）

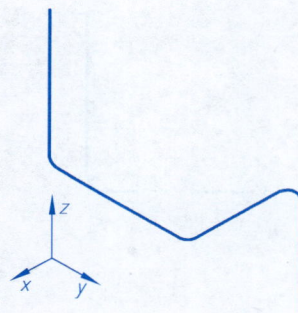

班级：_____　姓名：_____　学号：_____

7-3-2 已知管路的轴测图，画正立面、平面图、左立面图和右立面图（管道长度在轴测图中量取）

（3）

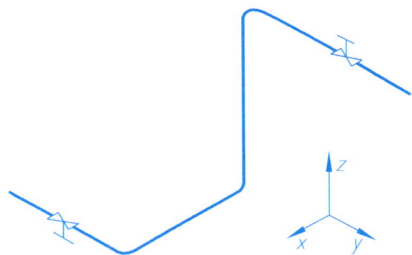

（4）

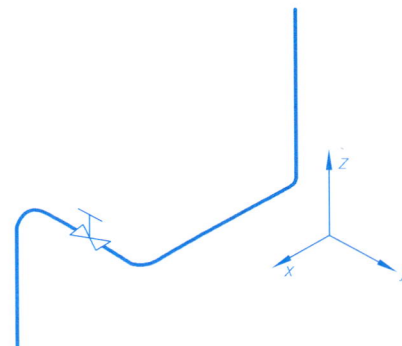

7-3-3　已知管路正立面和左立面图，画轴测图（管道长度在图中量取）

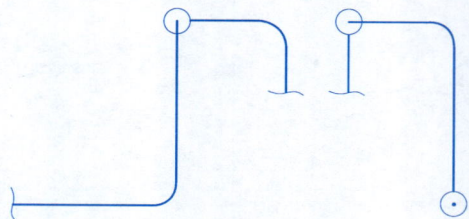

班级：_____　姓名：_____　学号：_____

模块二　计算机绘图

项目八　AutoCAD 基本操作

8-1　AutoCAD 工作界面认识与操作

序号	训练内容	操作提示
训练1	将工作空间切换到"三维建模"	单击状态栏中的"切换工作空间"按钮 ⚙ ▾
训练2	将功能区"最小化为面板按钮"，操作后的结果如图所示： 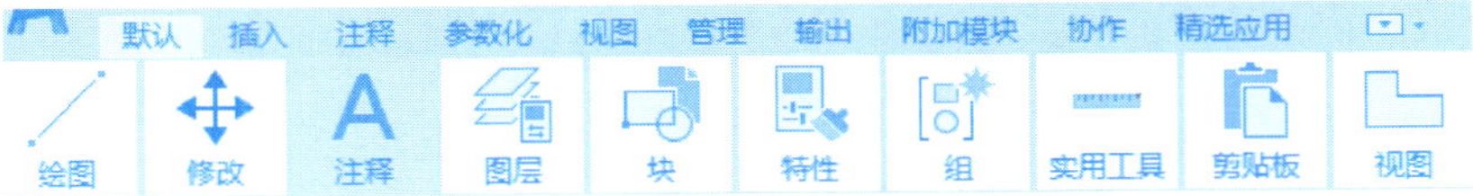	单击功能区选项卡右侧 ▾ 按钮，在弹出的下拉菜单"最小化为面板按钮"前打"√"
训练3	先关闭命令行，再将其打开	快捷键〔Ctrl+9〕
训练4	将"工作空间"显示在"快速访问具栏"处，并将"快速访问工具栏"移至功能区下方显示，操作后的结果如图所示： 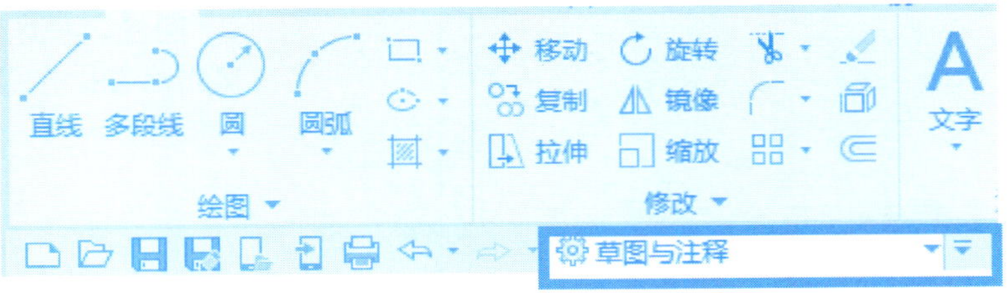	单击快速访问具栏右侧 ▾ 按钮，在弹出的下拉菜单"工作空间"、"在功能区下方显示"两项前打"√"

班级：_____　姓名：_____　学号：_____

8-2 绘图环境设置

序号	操作要求	操作提示
训练 1	1. 运行 AutoCAD 软件，建立新模板文件，设置图形界限为 A4（297×210），左下角为（0，0）。 2. 设置绘图背景颜色为白色，十字光标大小为 18。 3. 设置图形的长度单位为 mm，类型为"分数"，精度为"0 1/8"；角度类型为"十进制数"，精度为小数点后两位。 4. 将完成的图形以 CAD8-1. dwg 为文件名保存在 D 盘根目录下。	扫码观看操作提示
训练 2	1. 运行 AutoCAD 软件，建立新模板文件，设置图形界限为（100×100），左下角为（0，0）。 2. 设置绘图背景颜色为蓝色，十字光标大小为 10。 3. 设置图形的长度类型为科学，精度为"0.0E＋01"；角度类型为"弧度"，精度为"0.0r"。 4. 将完成的图形以 CAD8-2. dwg 为文件名保存在 D 盘根目录下。	扫码观看操作提示

班级：_____ 姓名：_____ 学号：_____

项目九　简单平面图形的绘制

9-1　用直线命令绘制图形

<table>
<tr><th>序号</th><th>操作要求</th><th>操作提示</th></tr>
<tr><td>训练 1</td><td>利用正交模式按 1∶1 比例绘制如下图形，图形界限自定
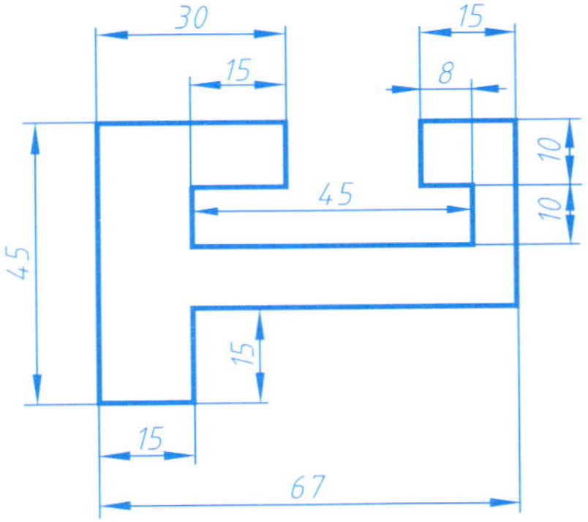
</td><td>扫码观看操作提示</td></tr>
<tr><td>训练 2</td><td>按 1∶1 比例绘制如下图形，图形界限自定
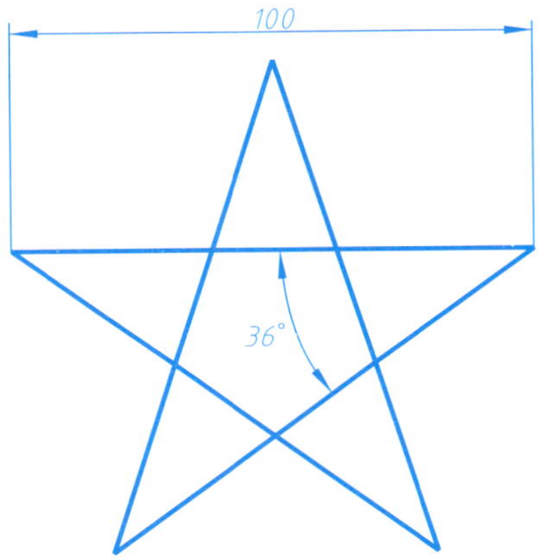
</td><td>扫码观看操作提示</td></tr>
</table>

班级：________ 姓名：________ 学号：________

9-1 用直线命令绘制图形

序号	操作要求	操作提示
训练 3	按 1∶1 比例绘制如下图形，图形界限自定 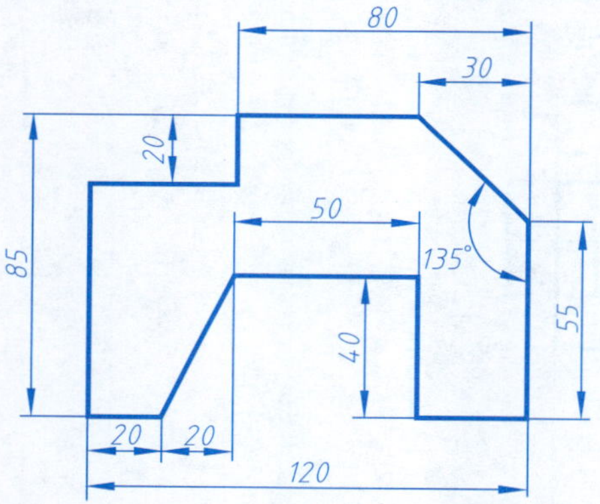	扫码观看操作提示
训练 4	按 1∶1 比例绘制如下图形，设置绘图界限为（120×120），左下角点为（0，0），栅格显示绘图界限，图形不超出所设置的图限。 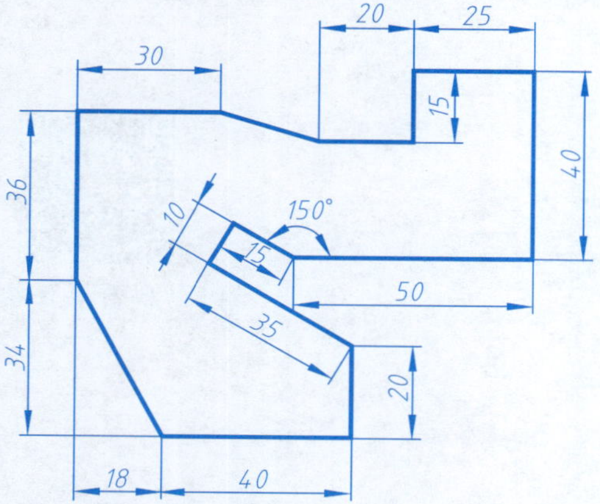	扫码观看操作提示

班级：_____ 姓名：_____ 学号：_____

9-1 用直线命令绘制图形

序号	操作要求	操作提示
训练5	利用正交、极轴追踪辅助绘图方式，按1：1比例绘制如下图形，图形界限自定 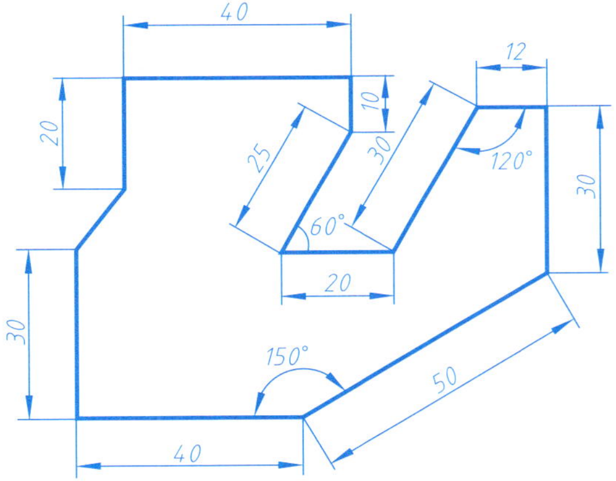 	 扫码观看操作提示
训练6	利用动态输入、对象捕捉追踪，按1：1比例绘制如下图形，图形界限自定 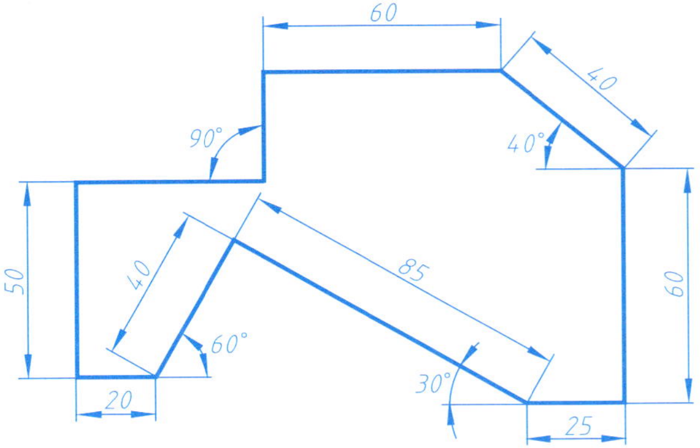 	 扫码观看操作提示

班级：_____ 姓名：_____ 学号：_____

9-1　用直线命令绘制图形

序号	操作要求	操作提示
训练 7	利用动态输入，按 1∶1 比例绘制如下图形，图形界限自定 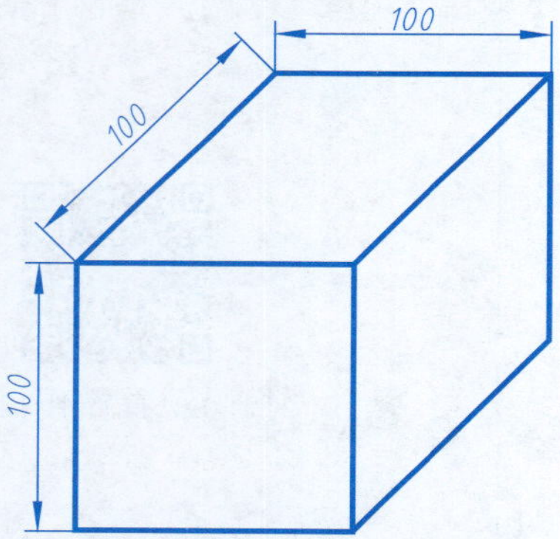	扫码观看操作提示
训练 8	创建新图形文件，按下列要求绘制如下图形。 1. 设置绘图界限为 200×200； 2. 绘制夹角小于 90°的两条直线； 3. 利用构造线再绘制两线夹角的四等分线，并利用修剪命令对图形进行修剪。 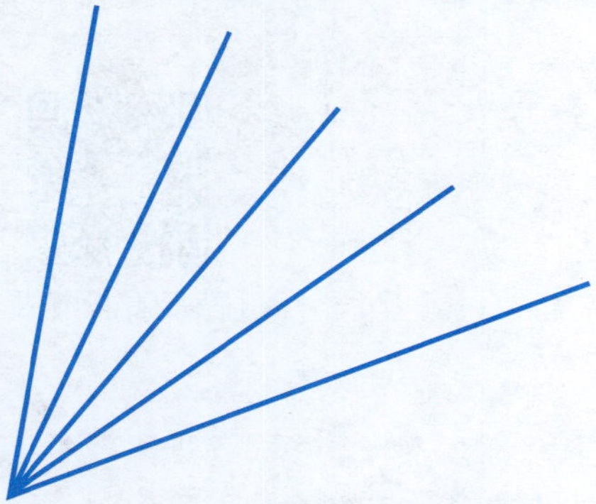	扫码观看操作提示

班级：_____ 姓名：_____ 学号：_____

序号	操作要求	操作提示
训练 1	按 1∶1 比例绘制如下图形，图形界限自定 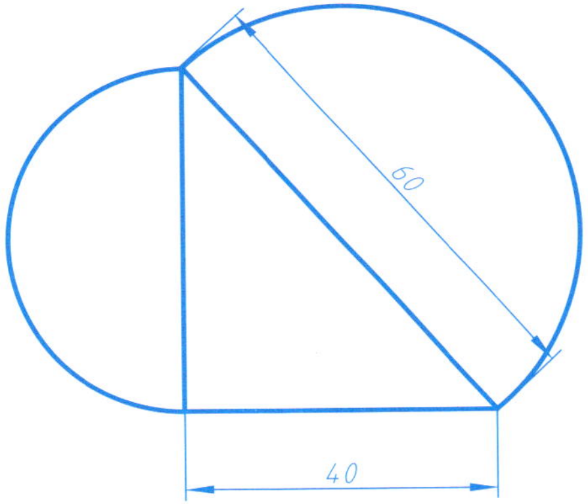 60 40	 扫码观看操作提示
训练 2	按 1∶1 比例绘制如下图形，图形界限自定 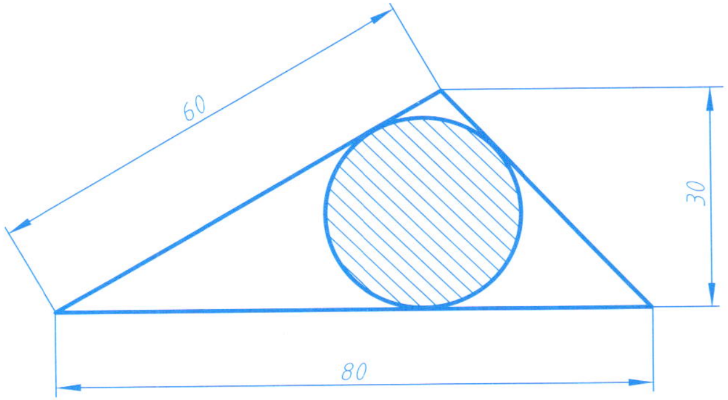 60　30 80	 扫码观看操作提示

班级：_____　姓名：_____　学号：_____

9-2　利用圆、圆弧命令绘制图形

序号	操作要求	操作提示
训练 3	按 1∶1 比例绘制如下所示不倒翁，未注尺寸部分用圆弧命令中的"起点、端点、方向"合理绘制，图形界限自定 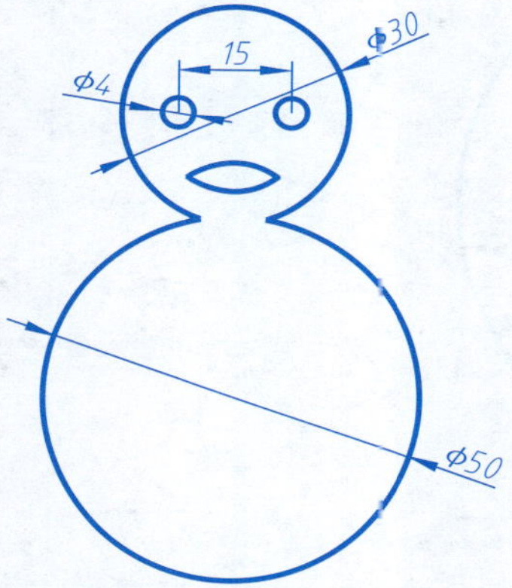 	 扫码观看操作提示
训练 4	按 1∶1 比例绘制如下图形，图形界限自定 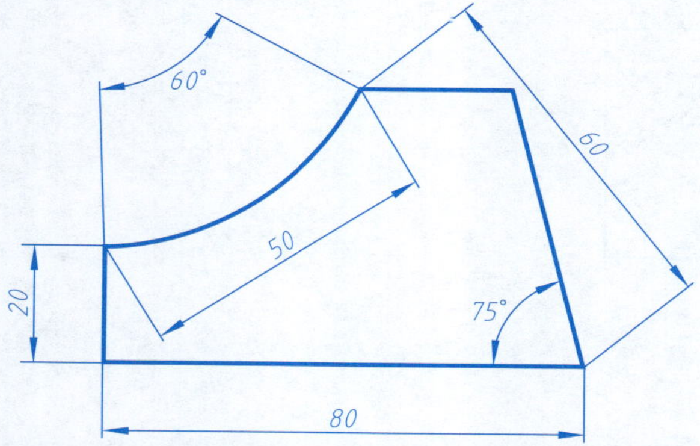 	 扫码观看操作提示

班级：_____　姓名：_____　学号：_____

9-2 利用圆、圆弧命令绘制图形

序号	操作要求	操作提示
训练 5	按 1∶1 比例绘制如下图形，合理设置图案填充比例与角度，图形界限自定 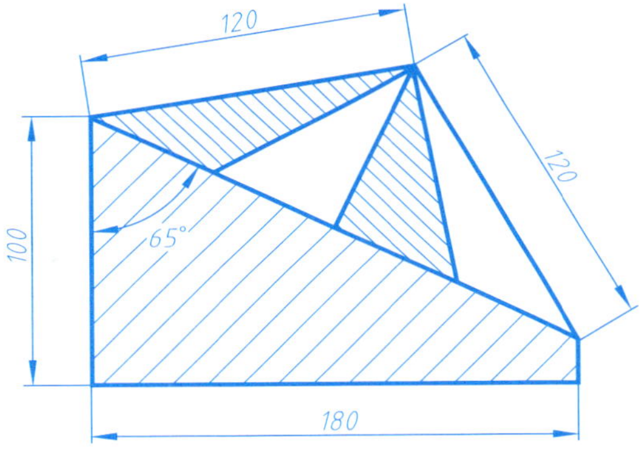 120 120 100 65° 180	扫码观看操作提示
训练 6	按 1∶1 比例绘制如下图形，图形界限自定 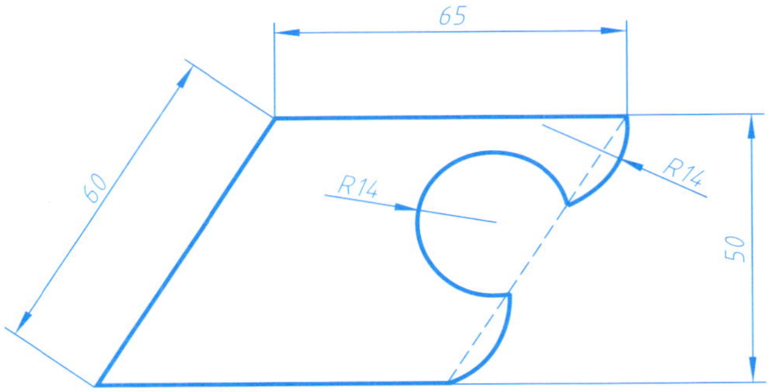 65 60 R14 R14 50	扫码观看操作提示

9-2 利用圆、圆弧命令绘制图形

序号	操作要求	操作提示
训练 7	按 1：1 比例绘制如下图形，图形界限自定  80	 扫码观看操作提示
训练 8	按 1：1 比例绘制如下图形，合理设置图案填充比例与角度，图形界限自定 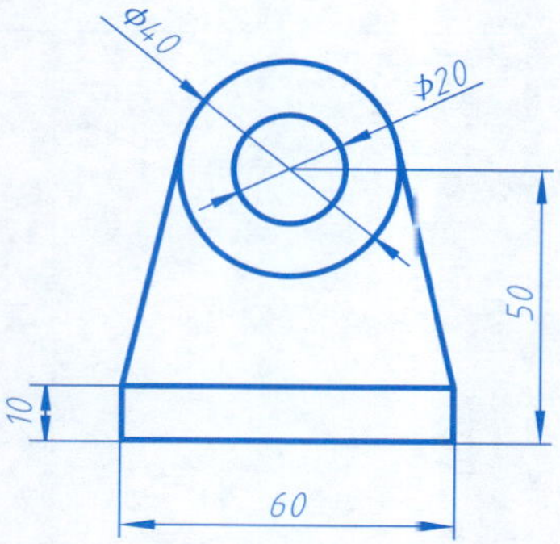 Φ40　Φ20　50　10　60	 扫码观看操作提示

班级：_____　姓名：_____　学号：_____

9-2 利用圆、圆弧命令绘制图形

序号	操作要求	操作提示
训练 9	按 1：1 比例绘制如下图形，图形界限自定 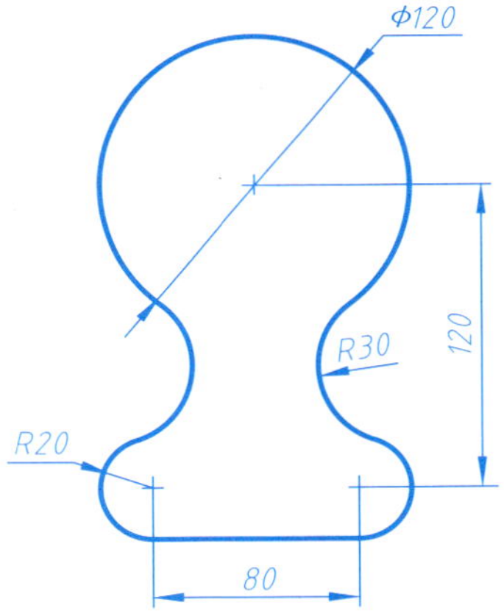 	 扫码观看操作提示
训练 10	按 1：1 比例绘制如下图形，图形界限自定 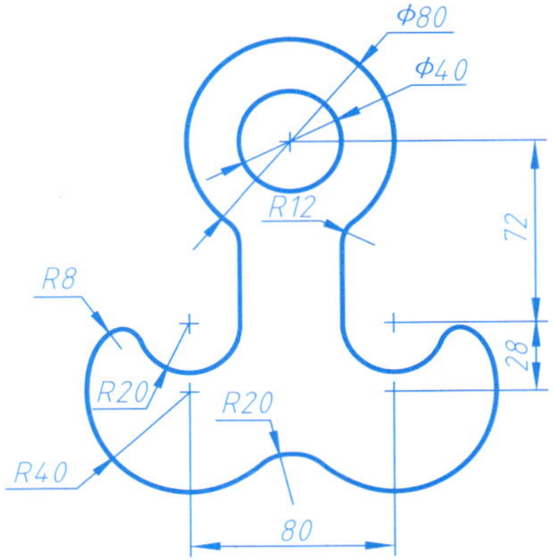 	 扫码观看操作提示

班级：_____ 姓名：_____ 学号：_____

序号	操作要求	操作提示
训练 1	按 1：1 的比例绘制图形，不标注尺寸 90 φ72	1. 先画一条长度为 90 的直线； 2. 以直线的中点为圆心，绘制一个直径为 72 的圆； 3. 对圆进行 16 等分； 4. 用"三点"绘圆弧的方式依次绘制圆弧； 5. 环形阵列 8 个圆弧 扫码观看操作提示
训练 2	按 1：1 的比例绘制图形，不标注尺寸 80	扫码观看操作提示

班级：_____ 姓名：_____ 学号：_____

9-3　利用矩形、正多边形、阵列等绘图与修改命令绘制平面图形

序号	操作要求	操作提示
训练 3	按 1：1 的比例绘制图形，不标注尺寸 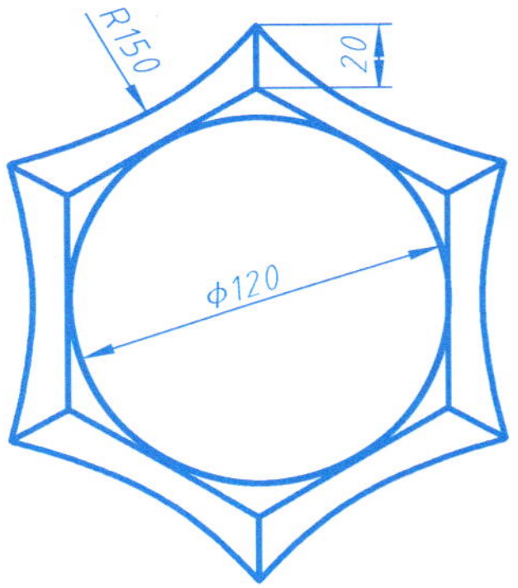 R150　20　φ120	扫码观看操作提示
训练 4	采用路径阵列、偏移等命令按 1：1 的比例绘制图形，不标注尺寸 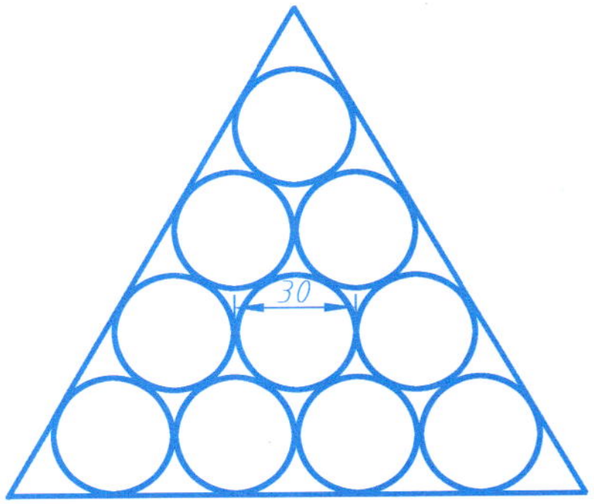 30	扫码观看操作提示

班级：＿＿＿＿＿　姓名：＿＿＿＿＿　学号：＿＿＿＿＿

· 113 ·

9-3 利用矩形、正多边形、阵列等绘图与修改命令绘制平面图形

序号	操作要求	操作提示
训练 5	采用阵列等命令按 1∶1 的比例绘制图形，不标注尺寸 Φ100	扫码观看操作提示
训练 6	用多段线按 1∶1 的比例绘制双向箭头，箭头宽 40，多段线中间部分宽 12，不标注尺寸 30　60　120	扫码观看操作提示

班级：_____ 姓名：_____ 学号：_____

序号	操作要求	操作提示
训练 7	采用椭圆等命令按 1：1 的比例绘制图形 	 扫码观看操作提示
训练 8	按 1：1 的比例绘制图形 	 扫码观看操作提示

班级：_____ 姓名：_____ 学号：_____

项目十　复杂平面图形的绘制

10-1　槽轮绘制

序号	操作要求	操作提示
训练1	新建图形文件，按下列要求绘制图 1. 建立合适的图限。 2. 创建以下图层： （1）"中心线"图层：颜色设置为红色，线宽为默认，线型设置为 Center，轴线绘制在该层上； （2）"轮廓线"图层：颜色默认，线宽为 0.30mm，轮廓线绘制在该层上； （3）"细线"图层：颜色默认，线宽默认，剖面线绘制在该层上。 3. 设置线型比例因子为 0.2。 4. 按图中标注的尺寸 1：1 绘制图形。 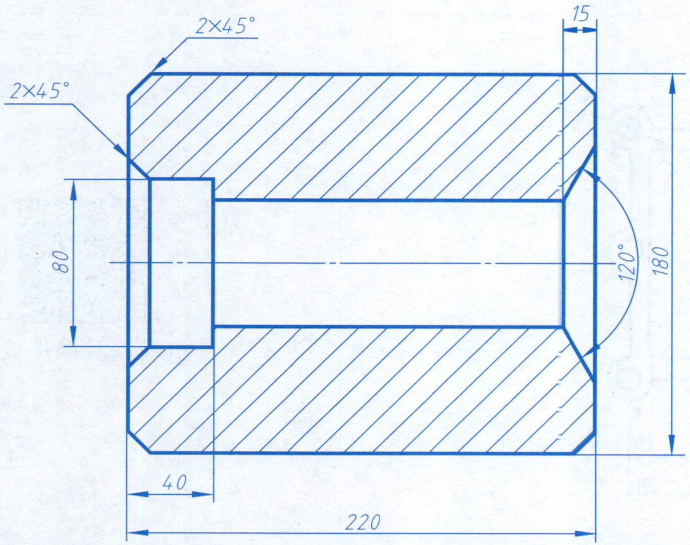 	 扫码观看操作提示

班级：_____　姓名：_____　学号：_____

10-1 槽轮绘制

序号	操作要求	操作提示
训练 2	新建图形文件，按下列要求绘制图 1. 建立合适的图限。 2. 创建以下图层： （1）“中心线”图层：颜色设置为红色，线宽为默认，线型设置为 Center，轴线绘制在该层上； （2）“轮廓线”图层：颜色默认，线宽为 0.30mm，轮廓线绘制在该层上。 3. 设置线型比例因子为 0.2。 4. 按图中标注的尺寸 1∶1 绘制图形。 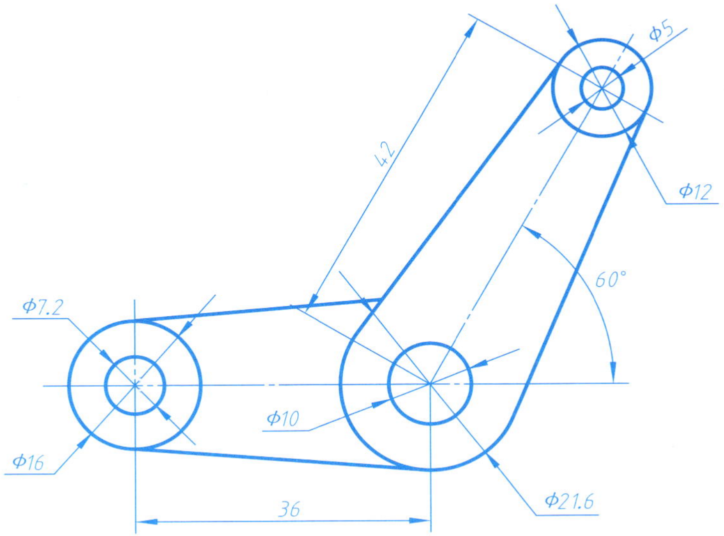	扫码观看操作提示

序号	操作要求	操作提示
训练3	新建图形文件，按下列要求绘制图 1. 建立合适的图限。 2. 创建以下图层： （1）"中心线"图层：颜色设置为红色，线宽为默认，线型设置为 Center，轴线绘制在该层上； （2）"轮廓线"图层：颜色默认，线宽为 0.30mm，轮廓线绘制在该层上。 3. 设置线型比例因子为 0.2。 4. 按图中标注的尺寸 1∶1 绘制图形。 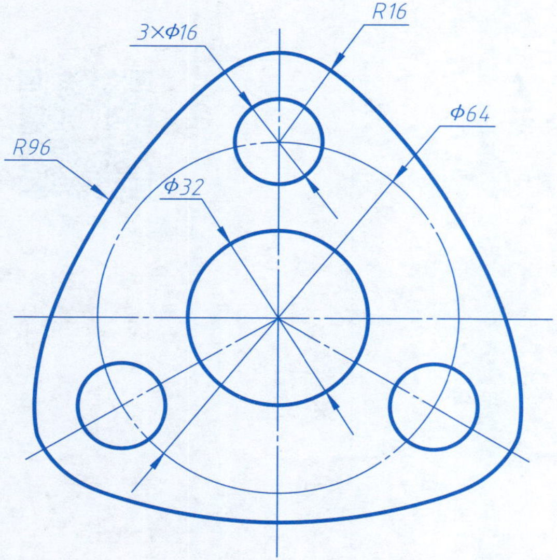 	 扫码观看操作提示

班级：_____ 姓名：_____ 学号：_____

序号	操作要求	操作提示
训练 4	新建图形文件，按下列要求绘制图 1. 建立合适的图限。 2. 创建以下图层： （1）"中心线"图层：颜色设置为红色，线宽为默认，线型设置为 Center，轴线绘制在该层上； （2）"轮廓线"图层：颜色默认，线宽为 0.30mm，轮廓线绘制在该层上。 3. 按图中标注的尺寸 1∶1 绘制图形。 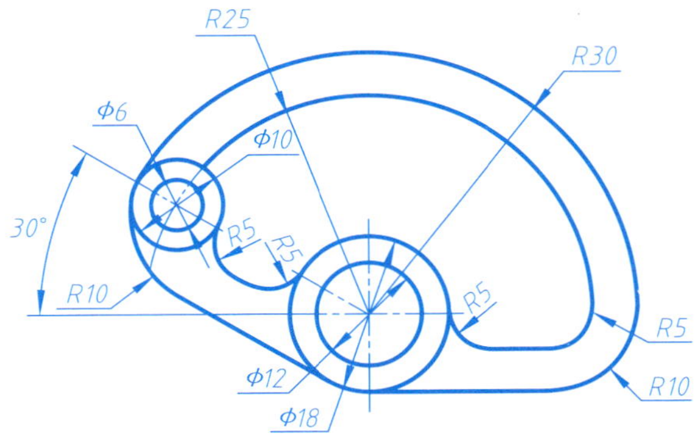 	 扫码观看操作提示

序号	操作要求	操作提示
训练1	新建图形文件，按以下要求绘制图 1. 建立合适的图限； 2. 按要求创建以下图层： （1）"中心线"图层：颜色设置为红色，线宽为默认，线型设置为 Center，轴线绘制在该层上； （2）"轮廓线"图层：颜色默认，线宽为 0.30mm，轮廓线绘制在该层上； （3）"标注"图层：颜色设置为蓝色，线宽为默认，尺寸标注绘制在该层上。 3. 设置线型比例因子为 0.3。 4. 按图中标注的尺寸 1：1 绘制图形并标注尺寸。 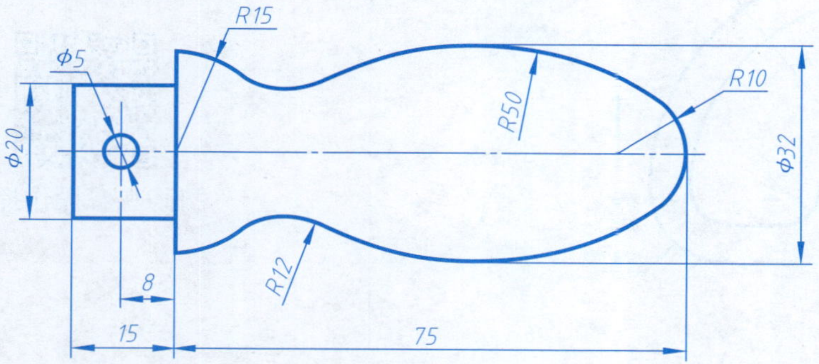 	 扫码观看操作提示

班级：_____ 姓名：_____ 学号：_____

10-2　吊钩绘制

序号	操作要求	操作提示
训练 2	新建图形文件，按以下要求绘制图 1. 建立合适的图限。 2. 按要求创建以下图层： （1）"中心线"图层：颜色设置为红色，线宽为默认，线型设置为 Center，轴线绘制在该层上； （2）"轮廓线"图层：颜色默认，线宽为 0.30mm，轮廓线绘制在该层上； （3）"标注"图层：颜色设置为蓝色，线宽为默认，尺寸标注绘制在该层上。 3. 设置线型比例因子为 0.3。 4. 按图中标注的尺寸 1∶1 绘制图形并标注尺寸。 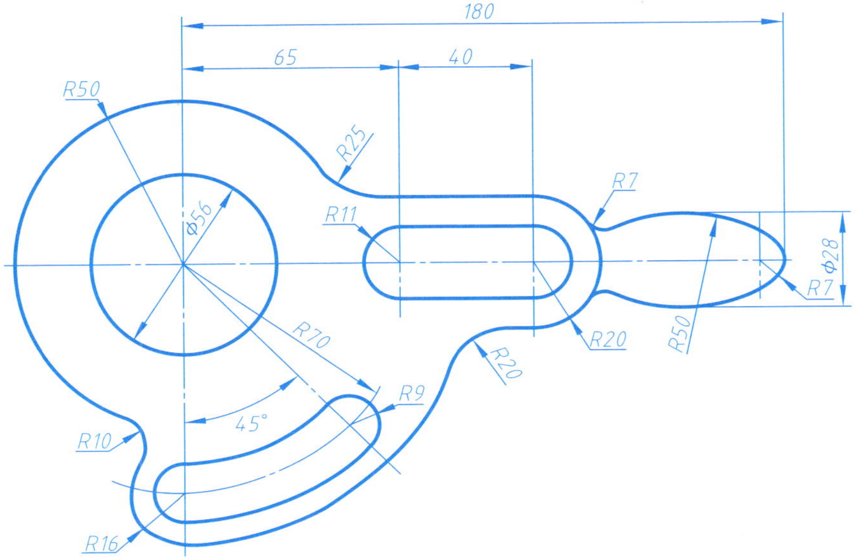 	 扫码观看操作提示

序号	操作要求	操作提示
训练 3	新建图形文件，按以下要求绘制图 1. 建立合适的图限。 2. 按要求创建以下图层： （1）"中心线"图层：颜色设置为红色，线宽为默认，线型设置为 Center，轴线绘制在该层上； （2）"轮廓线"图层：颜色默认，线宽为 0.30mm，轮廓线绘制在该层上； （3）"标注"图层：颜色设置为蓝色，线宽为默认，尺寸标注绘制在该层上。 3. 设置线型比例因子为 0.3。 4. 按图中标注的尺寸 1∶1 绘制图形并标注尺寸。 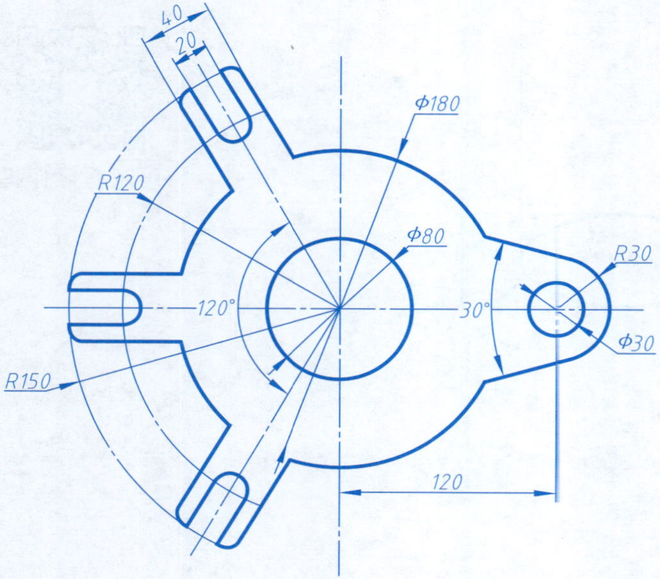 	 扫码观看操作提示

班级：_____　姓名：_____　学号：_____

序号	操作要求	操作提示
训练 4	新建图形文件，按以下要求绘制图 1. 建立合适的图限。 2. 按要求创建以下图层： （1）"中心线"图层：颜色设置为红色，线宽为默认，线型设置为 Center，轴线绘制在该层上； （2）"轮廓线"图层：颜色默认，线宽为 0.30mm，轮廓线绘制在该层上； （3）"标注"图层：颜色设置为蓝色，线宽为默认，尺寸标注绘制在该层上。 3. 设置线型比例因子为 0.3。 4. 按图中标注的尺寸 1：1 绘制图形并标注尺寸。 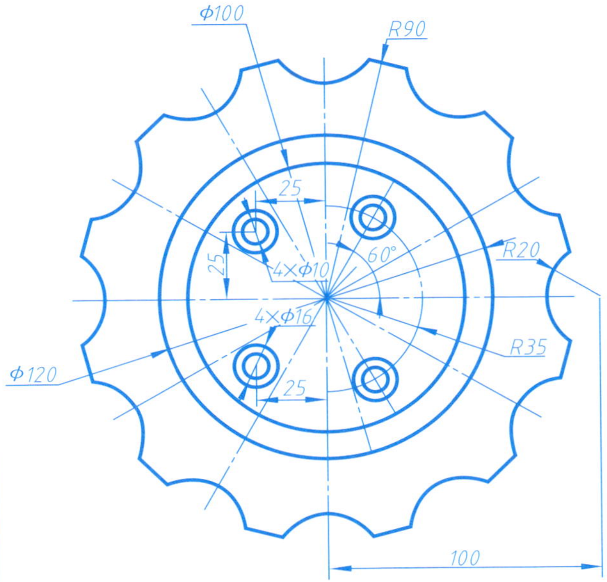 	 扫码观看操作提示

序号	操作要求	操作提示
训练 5	新建图形文件，按以下要求绘制图 1. 建立合适的图限。 2. 按要求创建以下图层： （1）"中心线"图层：颜色设置为红色，线宽为默认，线型设置为 Center，轴线绘制在该层上； （2）"轮廓线"图层：颜色默认，线宽为 0.30mm，轮廓线绘制在该层上； （3）"标注"图层：颜色设置为蓝色，线宽为默认，尺寸标注绘制在该层上。 3. 设置线型比例因子为 0.3。 4. 按图中标注的尺寸 1∶1 绘制图形并标注尺寸。 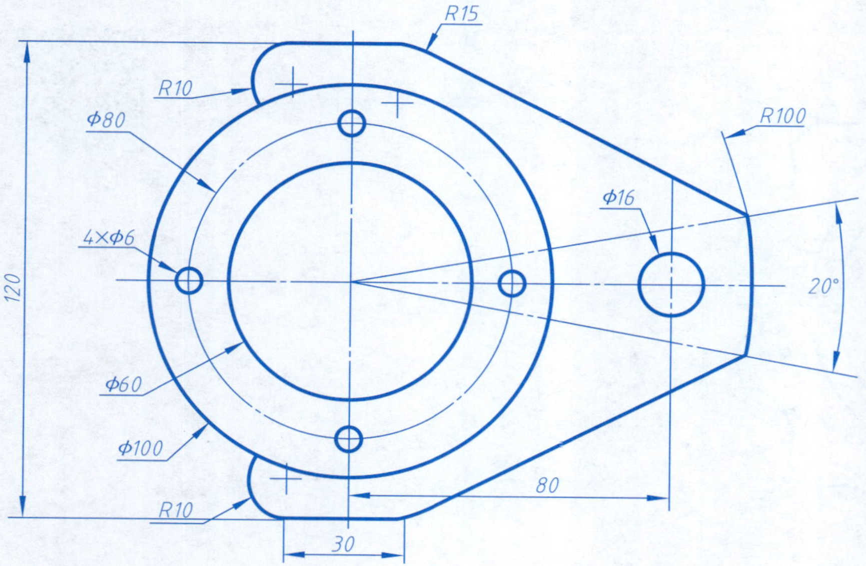 	 扫码观看操作提示

班级：_____　姓名：_____　学号：_____

项目十一　工程零件图的绘制

11-1　轴套类零件图的绘制

序号	操作要求	操作提示
训练 1	新建图形文件，按以下要求绘制图 11-1 所示油泵齿轮传动轴。 1. 建立合适的图限。 2. 创建如下图层： （1）"中心线"图层：颜色设置为红色，线宽为默认，线型设置为 Center，轴线绘制在该层上。 （2）"轮廓线"图层：线宽为 0.30mm，零件的轮廓线绘制在该层上。 （3）"标注"图层：颜色设置为蓝色，线宽为默认，标注绘制在该层上。 （4）"细实线"图层：剖面线等细线绘制在该层上，线宽设置为默认。 3. 精确绘图： （1）根据注释的尺寸精确绘图，绘图方法和图形编辑方法不限。 （2）根据图形大小未注倒角选用 $C1\sim C2$，未注圆角选用 $R1\sim R3$。 （3）图示中有未标注尺寸的地方，按机械制图有关规范自行定义尺寸。 4. 尺寸标注：创建合适的标注样式，标注图形。 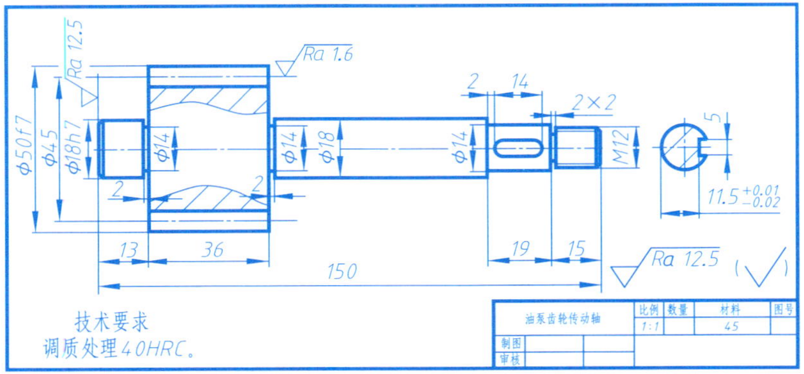 图 11-1　油泵齿轮传动轴	 扫码观看操作提示

序号	操作要求	操作提示
训练 2	新建图形文件，绘制图 11-2 所示活塞杆，绘图要求同 11-1 训练 1。 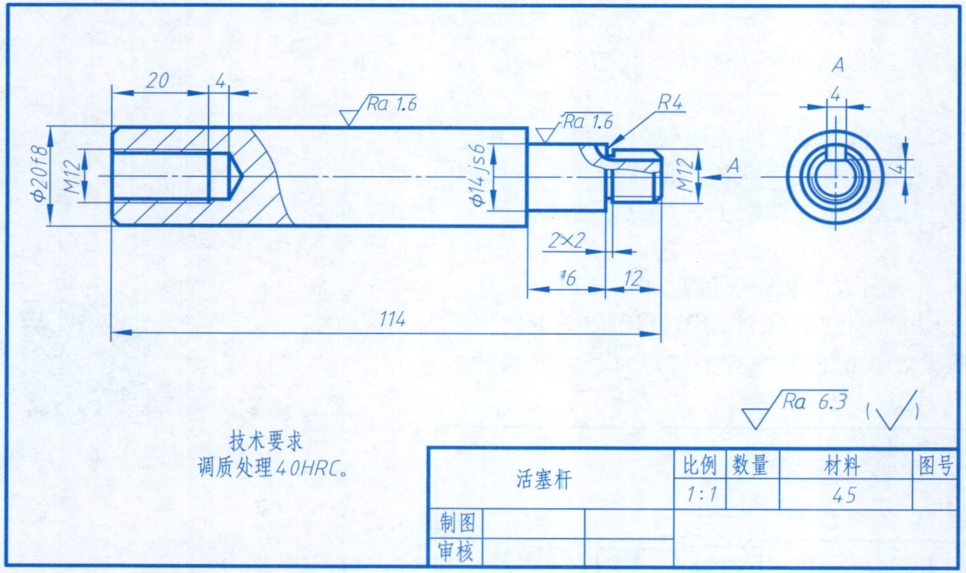 技术要求 调质处理40HRC。 图 11-2　活塞杆	 扫码观看操作提示

班级：_____　姓名：_____　学号：_____

11-1 轴套类零件图的绘制

序号	操作要求	操作提示
训练 3	新建图形文件，绘制图 11-3 所示丝杆，绘图要求同 11-1 训练 1。 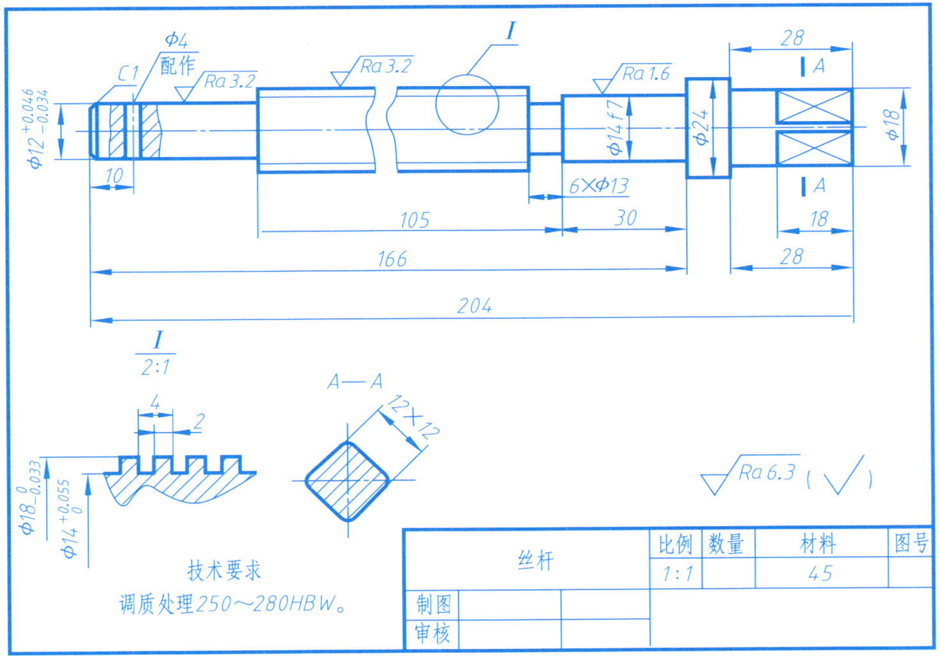 图 11-3 丝杆	 扫码观看操作提示

序号	操作要求	操作提示
训练1	新建图形文件，按以下要求绘制图 11-4 所示填料压盖。 1. 建立合适的图限。 2. 创建如下图层： （1）"中心线"图层：颜色设置为红色，线宽为默认，线型设置为 Center，轴线绘制在该层上。 （2）"轮廓线"图层：线宽为 0.30mm，零件的轮廓线绘制在该层上。 （3）"细实线"图层：标注、剖面线等绘制在该层上，线宽设置为默认。 3. 精确绘图： （1）根据注释的尺寸精确绘图，绘图方法和图形编辑方法不限。 （2）根据图形大小未注倒角选用 $C1 \sim C2$，未注圆角选用 $R1 \sim R3$。 （3）图示中有未标注尺寸的地方，按机械制图有关规范自行定义尺寸。 4. 尺寸标注：创建合适的标注样式，标注图形。 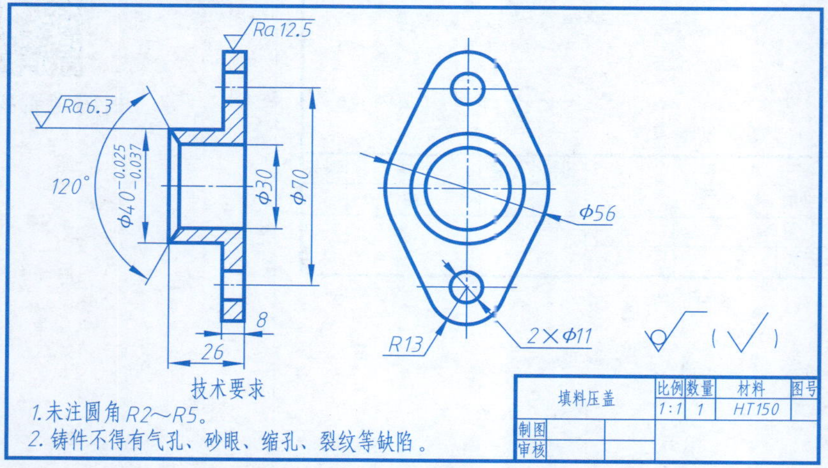 图 11-4　填料压盖	扫码观看操作提示

班级：_____　姓名：_____　学号：_____

序号	操作要求	操作提示
训练 2	新建图形文件，绘制图 11-5 所示支座，绘图要求同 11-2 训练 1。 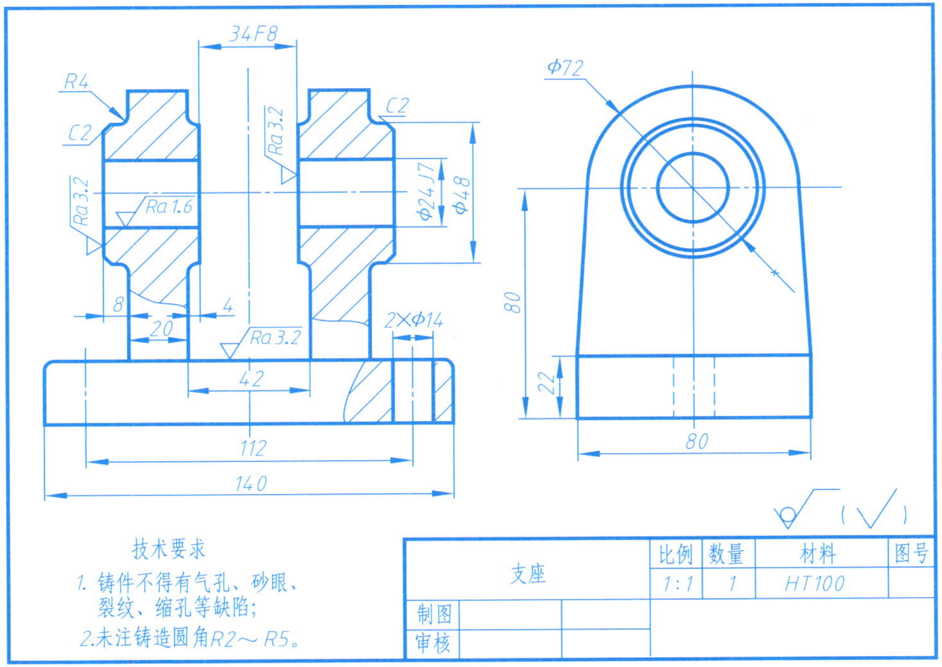 技术要求 1. 铸件不得有气孔、砂眼、裂纹、缩孔等缺陷； 2. 未注铸造圆角R2～R5。 图 11-5　支座	 扫码观看操作提示

序号	操作要求	操作提示
训练 3	新建图形文件，绘制图 11-6 所示带轮，绘图要求同 11-2 训练 1 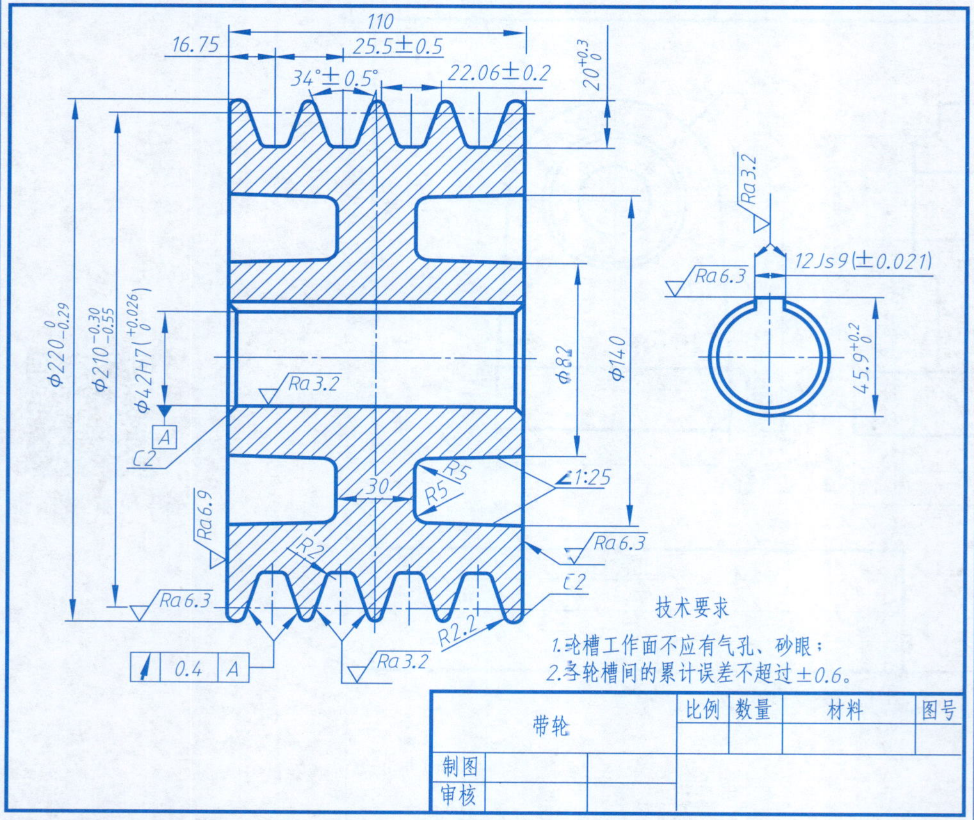 技术要求 1.轮槽工作面不应有气孔、砂眼； 2.各轮槽间的累计误差不超过 ±0.6。 图 11-6 带轮	 扫码观看操作提示

班级：_____ 姓名：_____ 学号：_____

序号	操作要求	操作提示
	新建图形文件，绘制图 11-7 所示图形，绘图要求同 11-2 训练 1。 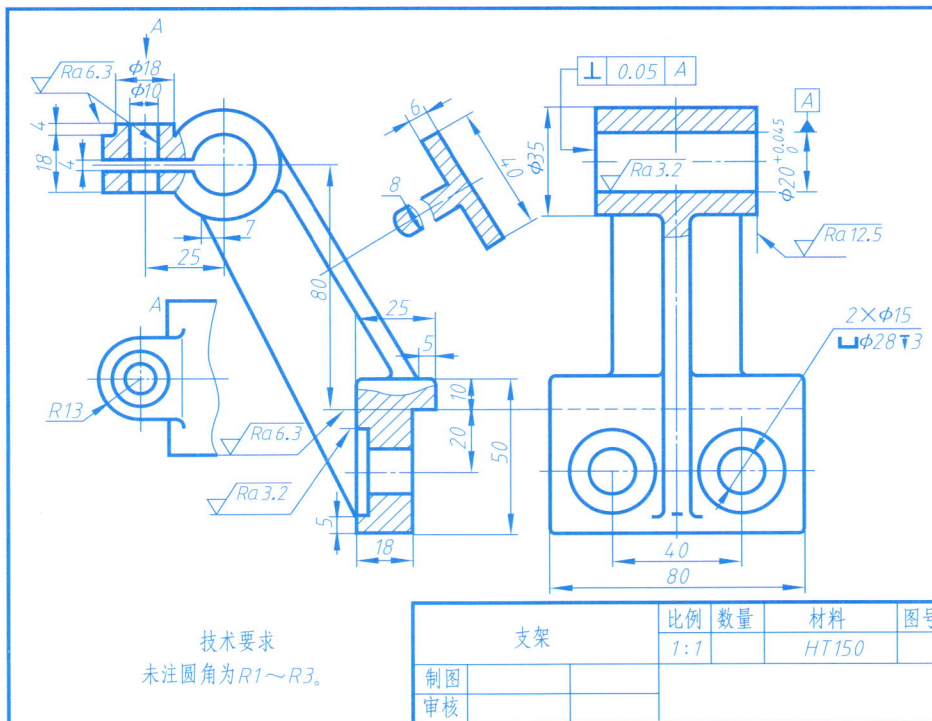 图 11-7 支架	 扫码观看操作提示

序号	操作要求	操作提示
	新建图形文件，按以下要求绘制图 11-8 所示齿轮油泵泵体。 1. 建立合适的图限。 2. 创建如下图层： （1）"中心线"图层：颜色设置为红色，线宽为默认，线型设置为 Center，轴线绘制在该层上。 （2）"轮廓线"图层：线宽为 0.30mm，零件的轮廓线绘制在该层上。 （3）"细实线"图层：标注、剖面线等绘制在该层上，线宽设置为默认。 3. 精确绘图： （1）根据注释的尺寸精确绘图，绘图方法和图形编辑方法不限。 （2）根据图形大小未注倒角选用 $C1\sim C2$，未注圆角选用 $R2\sim R3$。 （3）图示中有未标注尺寸的地方，按机械制图有关规范自行定义尺寸。 4. 尺寸标注：创建合适的标注样式，标注图形。	扫码观看操作提示

班级：_____ 姓名：_____ 学号：_____

序号	操作要求	操作提示
	图 11-8　齿轮油泵泵体	

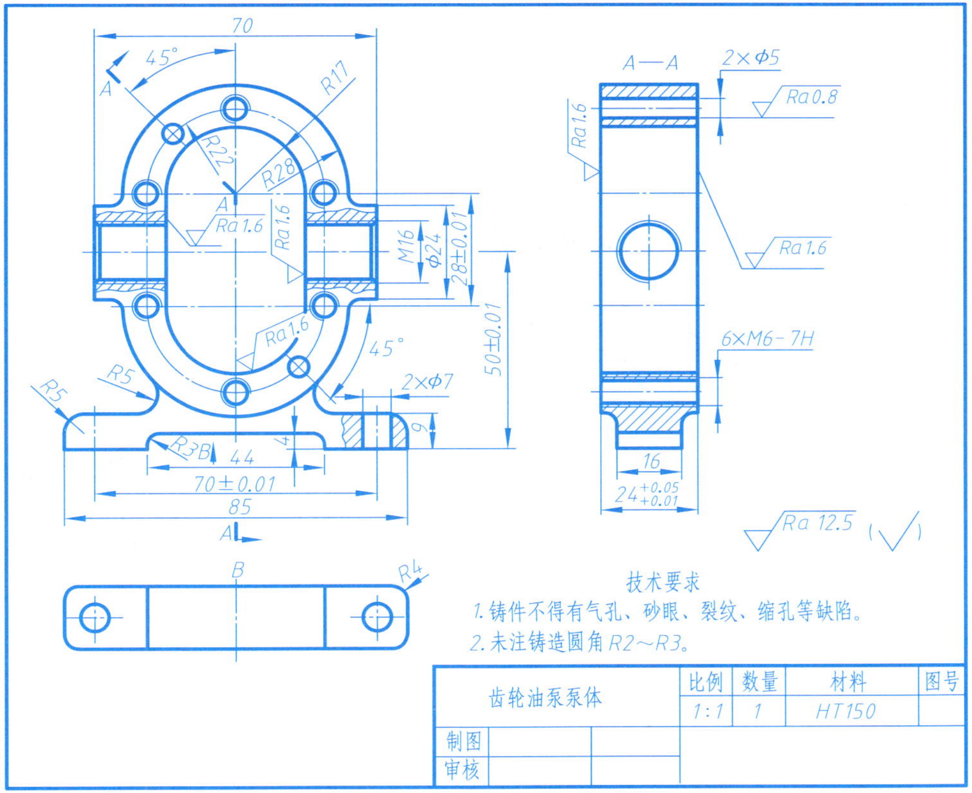

技术要求
1. 铸件不得有气孔、砂眼、裂纹、缩孔等缺陷。
2. 未注铸造圆角 R2～R3。

齿轮油泵泵体	比例	数量	材料	图号
	1:1	1	HT150	
制图				
审核				

项目十二　AutoCAD 简单零件三维建模

12-1　三通管道建模

序号	训练内容	操作提示
训练1	新建图形文件，根据下图所示尺寸按 1：1 比例要求建模 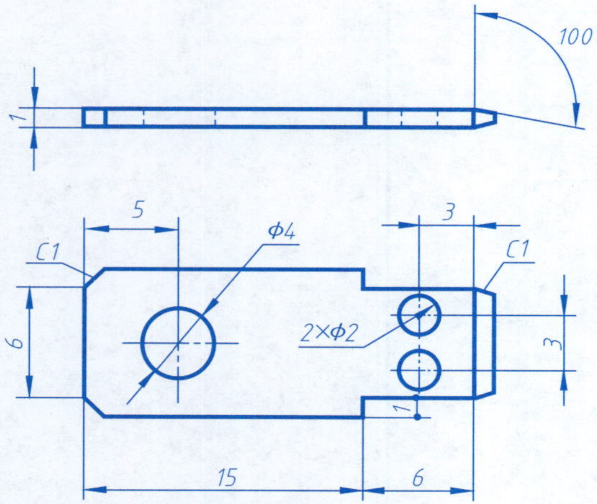 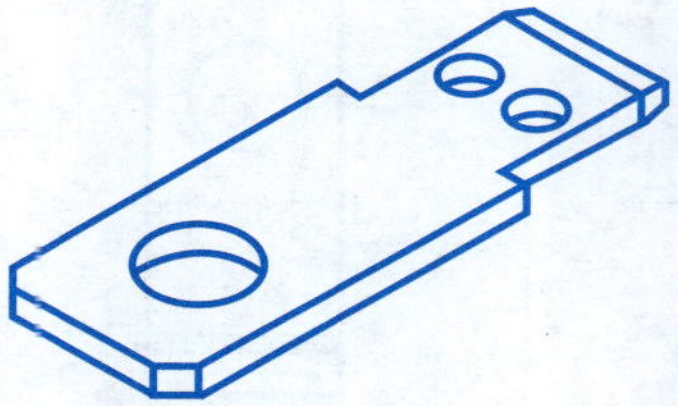 	 扫码观看操作提示

班级：_____　姓名：_____　学号：_____

12-1　三通管道建模

序号	训练内容	操作提示
训练 2	新建图形文件，根据下图所示尺寸按 1：1 比例要求完成螺栓建模 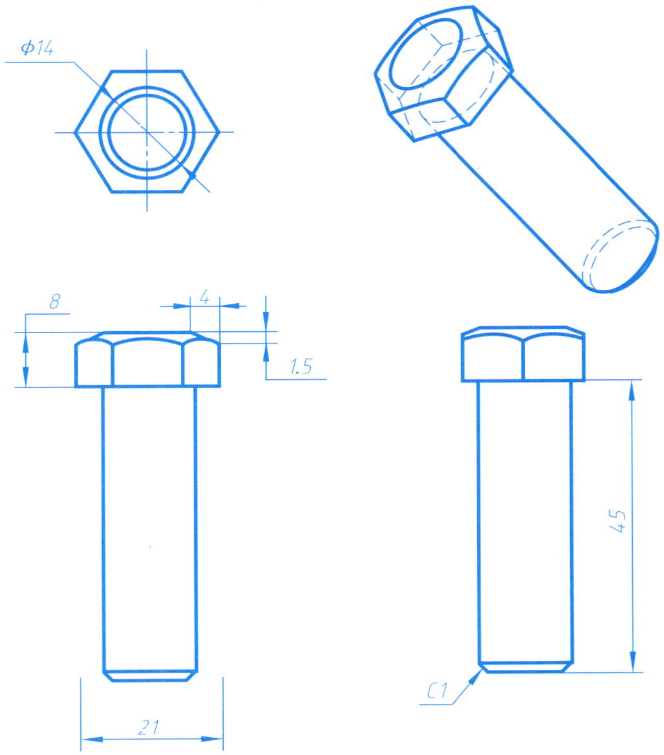φ14 8 4 1.5 21 45 C1	扫码观看操作提示

班级：________ 姓名：________ 学号：________

序号	训练内容	操作提示
训练 3	新建图形文件，根据下图所示尺寸按 1∶1 比例要求建模 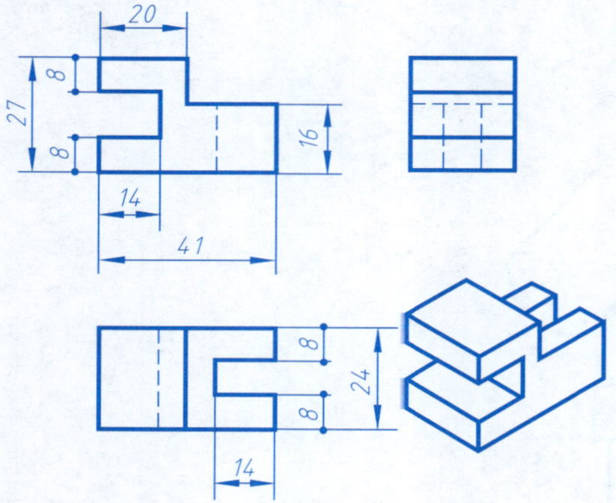	扫码观看操作提示
训练 4	新建图形文件，根据下图所示尺寸按 1∶1 比例要求建模 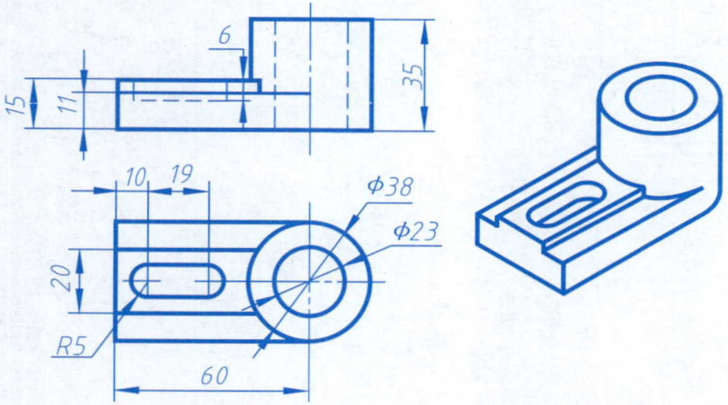	扫码观看操作提示

班级：_____ 姓名：_____ 学号：_____

序号	训练内容	操作提示
训练 5	新建图形文件，根据下图所示尺寸按 1：1 比例要求建模 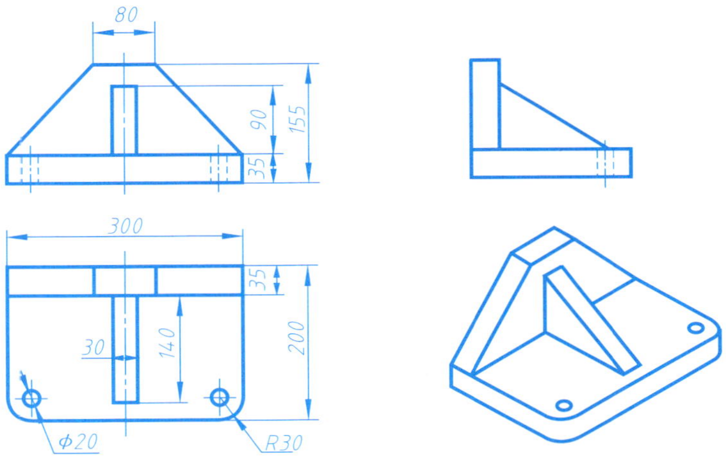 	 扫码观看操作提示

序号	训练内容	操作提示
训练 6	新建图形文件，根据下图所示尺寸按 1∶1 比例要求建模 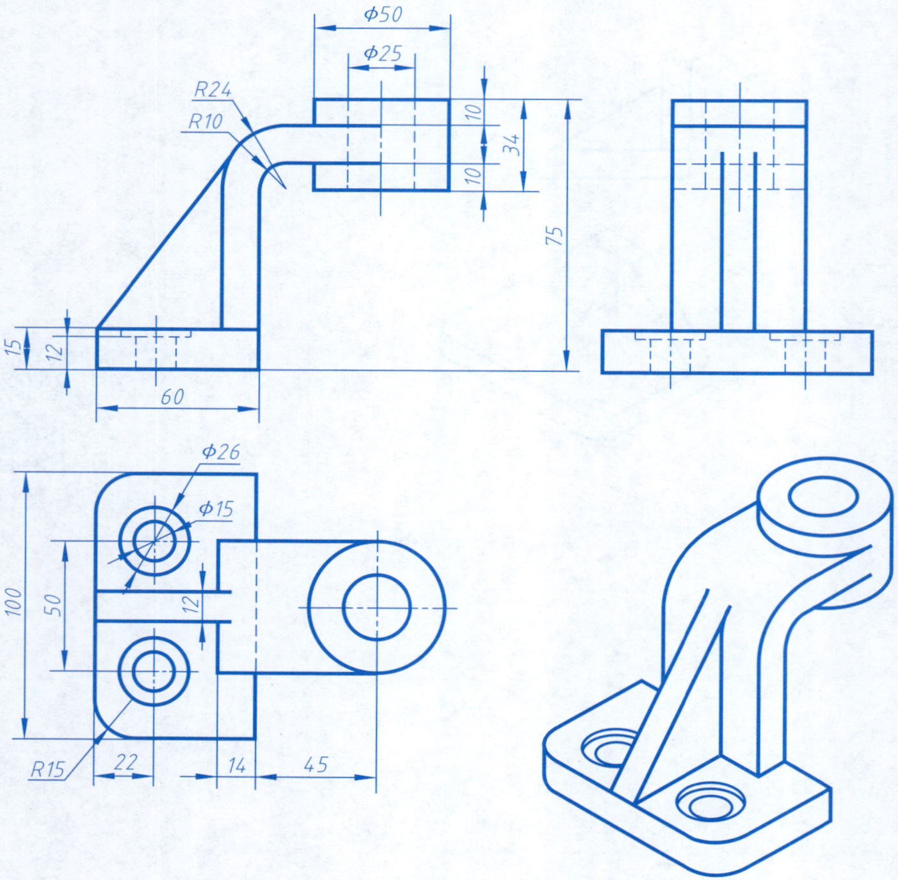	扫码观看操作提示

班级：_____ 姓名：_____ 学号：_____

序号	训练内容	操作提示
训练 1	新建图形文件，根据下图所示尺寸按 1：1 比例建模 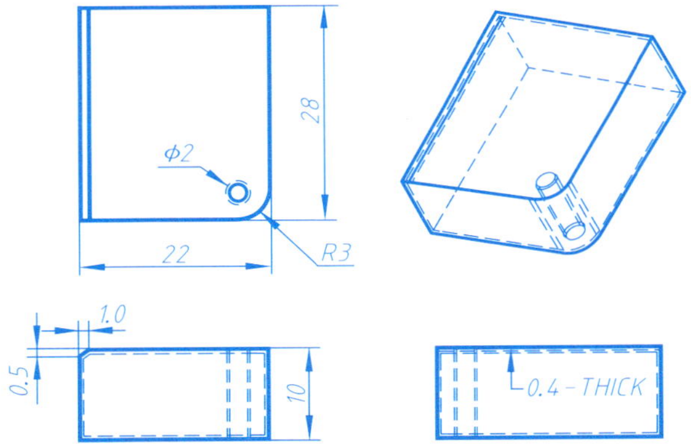 	 扫码观看操作提示
训练 2	新建图形文件，根据下图所示尺寸按 1：1 比例建模 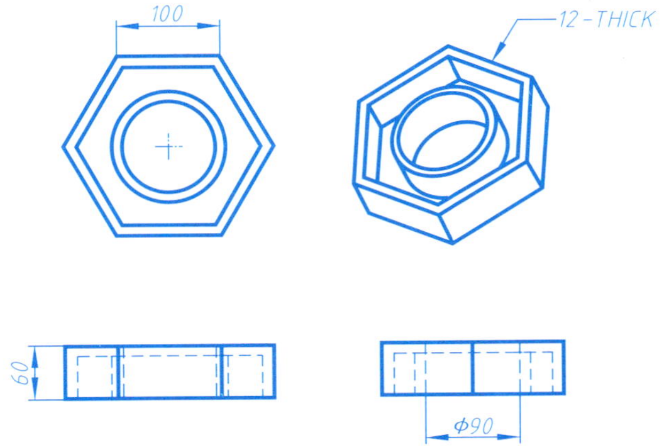 	 扫码观看操作提示

班级：_____ 姓名：_____ 学号：_____

12-2　轴承座剖切建模

序号	训练内容	操作提示
训练 3	新建图形文件，根据下图所示尺寸按 1：1 比例要求完成管架建模 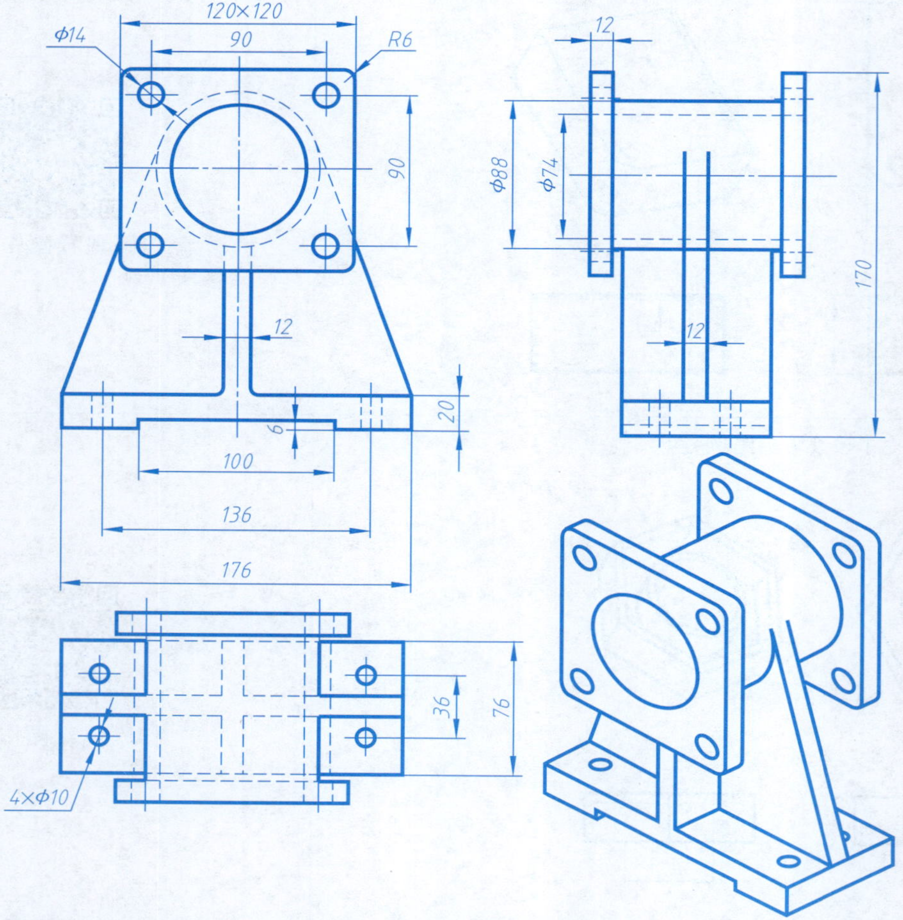	扫码观看操作提示

班级：＿＿＿＿＿　姓名：＿＿＿＿＿　学号：＿＿＿＿＿

参 考 文 献

［1］ 宋巧莲. 机械制图与 AutoCAD 习题集 ［M］. 2 版. 北京：机械工业出版社，2024.

［2］ 曹咏梅. 化工制图与测绘习题集 ［M］. 3 版. 北京：化学工业出版社，2023.

［3］ 聂辉文. 机械制图习题集 ［M］. 西安：西北工业大学出版社，2024.

［4］ 李琴. AutoCAD 上机指导与训练 ［M］. 北京：化学工业出版社，2022.